连铸坯枝晶腐蚀
低倍检验和缺陷案例分析

许庆太　黄伟青　张维娜　著

扫描二维码看电子图片

北　京

冶　金　工　业　出　版　社

2022

内 容 提 要

本书主要介绍连铸坯凝固组织和缺陷的枝晶腐蚀低倍检验方法，结合作者生产检验实践，阐明连铸坯缺陷形成的原因、影响因素及解决措施，并给出案例分析。全书共分 6 章，分别介绍连铸钢坯质量指标、连铸钢坯低倍检验方法、连铸钢坯凝固组织的检验、连铸钢坯缺陷的检验、连铸钢坯凝固组织和缺陷对比检验、连铸钢坯缺陷案例分析。

本书收集了典型图片和不同检验方法对比照片近 400 多幅，图文并茂，内容丰富，重点突出，具有真实性、实用性和通俗易懂的特点。

本书可供给连铸生产的操作者、技术人员、管理人员及科研人员阅读，也可以作为高校相关专业的参考教材。

图书在版编目(CIP)数据

连铸坯枝晶腐蚀低倍检验和缺陷案例分析/许庆太，黄伟青，张维娜著. —北京：冶金工业出版社，2022.3
ISBN 978-7-5024-9069-0

Ⅰ.①连…　Ⅱ.①许…　②黄…　③张…　Ⅲ.①连铸坯—枝晶—腐蚀—检验　②连铸坯—枝晶—要素分析　Ⅳ.①TG249.7

中国版本图书馆 CIP 数据核字(2022)第 032716 号

连铸坯枝晶腐蚀低倍检验和缺陷案例分析

出版发行	冶金工业出版社	电　话	(010)64027926
地　址	北京市东城区嵩祝院北巷 39 号	邮　编	100009
网　址	www.mip1953.com	电子信箱	service@mip1953.com

责任编辑　卢　敏　美术编辑　彭子赫　版式设计　郑小利
责任校对　郑　娟　责任印制　李玉山
北京捷迅佳彩印刷有限公司印刷
2022 年 3 月第 1 版，2022 年 3 月第 1 次印刷
710mm×1000mm　1/16；15.75 印张；305 千字；237 页
定价 106.00 元

投稿电话　(010)64027932　投稿信箱　tougao@cnmip.com.cn
营销中心电话　(010)64044283
冶金工业出版社天猫旗舰店　yjgycbs.tmall.com
(本书如有印装质量问题，本社营销中心负责退换)

前　　言

连铸钢坯的质量对钢材产品的质量、性能、成材率和生产成本有很大影响，因此，在连铸生产工艺中，如何获得无缺陷或缺陷很少的连铸坯，深受人们关注。

连铸坯的质量指标包括洁净度、凝固组织、内部质量、表面质量和形状缺陷等。人们已经深刻认识到，钢材产品质量的高低主要取决于连铸钢坯质量指标的优劣。对于高端产品的钢材，铸坯质量指标要求高，而对于普通产品的钢材，铸坯质量指标要求相对较低。

目前，检验钢和连铸坯质量的低倍方法有硫印检验、热酸腐蚀、电解腐蚀、冷酸腐蚀和枝晶腐蚀五种低倍检验方法，其中前四种方法称传统检验方法，最后一种是新研制的方法。枝晶腐蚀低倍检验方法不但能够清晰地显示连铸钢坯的凝固组织，而且还可以准确地、不扩大、不缩小原样地显示连铸钢坯的内部缺陷。此技术具有准确、易操作及对环境不产生污染等优点，显示凝固组织清晰，显示内部缺陷准确，这是此技术的两个创新和突破。

特别是对于低碳钢（$w(C) \leqslant 0.08\%$），枝晶腐蚀低倍检验方法可以清晰地显示铸坯的偏析、裂纹、气泡和夹杂等缺陷，而传统检验方法掩盖低碳钢铸坯这些缺陷。

枝晶腐蚀低倍检验方法不仅能够显示钢锭、连铸坯的凝固组织和缺陷，而且也能够显示较大规格尺寸的钢材的凝固组织和缺陷。

在钢的质量检验工作中，低倍检验方法简单，效果直接，往往是检验和科研工作首先要做的检验项目。低倍检验具有视域大、检验范围宽的特点，能够全面提供铸坯和较大断面钢材的凝固组织和缺陷的信息，对改进生产工艺参数、提高技术操作水平和调整设备状态具有指导作用，因此广泛应用于冶金厂的生产检验和科研工作中。

　　本书有几处涉及国家标准的内容，读者可以顺便理解标准内涵，使标准能够在生产检验中得到很好的应用。因为国家标准是国家各企业需要共同遵守的规则，是企业搞好技术管理和组织生产的依据。

　　本书内容是作者在鞍钢、营口中板厂和东大冶金研究所工作期间，与东北大学合作，为国内各钢厂做生产检验中积累的，借此阐明连铸坯缺陷形成的原因、影响因素及防治措施。

　　本书在生产检验中收集典型图片和不同检验方法对比图片近400多幅，以枝晶腐蚀低倍检验方法为主，并与传统检验方法对比，显示出枝晶腐蚀低倍检验方法的优越性。

　　在编写此书过程中，收集缺陷图片曾得到吴春雷、扬撷光和祁敏翔同志帮助，在此表示感谢。为清晰展示书中图片，本书增加数据资源二维码。读者可以扫描书前二维码看电子图片。

　　本书在编写过程中参阅了有关连铸方面的专著和杂志，在此向有关作者和出版社表示谢意。

　　由于作者水平所限，书中难免有缺点和错误，敬请专家和读者指正。

作　者
2021 年 10 月

目　　录

1　连铸钢坯质量指标 ………………………………………………… 1

  1.1　洁净度 …………………………………………………………… 1

    1.1.1　洁净钢的定义 ………………………………………………… 1

    1.1.2　夹杂物的危害 ………………………………………………… 2

    1.1.3　提高洁净度的措施 …………………………………………… 3

  1.2　凝固组织和内部质量 ………………………………………… 4

  1.3　表面质量 ……………………………………………………… 4

    1.3.1　表面纵向裂纹 ………………………………………………… 4

    1.3.2　表面横向裂纹 ………………………………………………… 6

    1.3.3　表面网状裂纹 ………………………………………………… 8

    1.3.4　表面夹渣 ……………………………………………………… 10

  1.4　形状缺陷 ……………………………………………………… 11

    1.4.1　菱变缺陷 ……………………………………………………… 11

    1.4.2　鼓肚缺陷 ……………………………………………………… 11

    1.4.3　椭圆缺陷 ……………………………………………………… 12

  1.5　连铸坯五个质量指标关系图 ………………………………… 12

  参考文献 …………………………………………………………… 14

2　连铸钢坯低倍检验方法 ………………………………………… 15

  2.1　硫印检验 ……………………………………………………… 15

    2.1.1　引用标准 ……………………………………………………… 15

    2.1.2　取样和试样加工 ……………………………………………… 15

    2.1.3　方法原理 ……………………………………………………… 16

    2.1.4　操作方法 ……………………………………………………… 16

  2.2　热酸腐蚀检验 ………………………………………………… 17

    2.2.1　引用标准 ……………………………………………………… 17

    2.2.2　取样和试样加工 ……………………………………………… 17

    2.2.3　方法原理 ……………………………………………………… 17

    2.2.4　操作方法 ……………………………………………………… 18

2.3　电解腐蚀检验 ……………………………………………………… 18
　　2.3.1　方法原理 ………………………………………………………… 19
　　2.3.2　操作方法 ………………………………………………………… 19
2.4　冷酸腐蚀检验 ……………………………………………………… 20
　　2.4.1　引用标准 ………………………………………………………… 20
　　2.4.2　取样和试样加工 ………………………………………………… 20
　　2.4.3　方法原理 ………………………………………………………… 20
　　2.4.4　操作方法 ………………………………………………………… 21
2.5　枝晶腐蚀检验 ……………………………………………………… 21
　　2.5.1　引用标准 ………………………………………………………… 22
　　2.5.2　取样和试样加工 ………………………………………………… 22
　　2.5.3　方法原理 ………………………………………………………… 22
　　2.5.4　操作方法 ………………………………………………………… 22
　　2.5.5　最佳腐蚀时间试验 ……………………………………………… 23
2.6　低倍检验方法对比 ………………………………………………… 24
　　2.6.1　五种低倍检验方法对比 ………………………………………… 24
　　2.6.2　五种低倍检验方法的应用 ……………………………………… 25
2.7　其他检验方法 ……………………………………………………… 26
　　2.7.1　微观检验方法 …………………………………………………… 26
　　2.7.2　断口检验方法 …………………………………………………… 26
参考文献 …………………………………………………………………… 27

3　连铸钢坯凝固组织的检验 …………………………………………… 28
3.1　细小等轴晶 ………………………………………………………… 30
　　3.1.1　细小等轴晶凝固组织形貌特征 ………………………………… 30
　　3.1.2　细小等轴晶厚度不均匀性 ……………………………………… 30
　　3.1.3　细小等轴晶凝固组织的形成 …………………………………… 31
3.2　柱状晶 ……………………………………………………………… 32
　　3.2.1　柱状晶凝固组织形貌特征 ……………………………………… 32
　　3.2.2　柱状晶凝固组织的形成 ………………………………………… 33
3.3　等轴晶 ……………………………………………………………… 35
　　3.3.1　等轴晶凝固组织形貌特征 ……………………………………… 35
　　3.3.2　等轴晶下沉和对称分布 ………………………………………… 37
　　3.3.3　等轴晶凝固组织的形成 ………………………………………… 38
3.4　交叉树枝晶 ………………………………………………………… 41

　3.4.1　交叉树枝晶凝固组织形貌特征 ……………………………… 41

　3.4.2　交叉树枝晶凝固组织的形成 ………………………………… 43

3.5　板坯三角区中的凝固组织 ………………………………………… 44

3.6　树枝晶偏斜 ………………………………………………………… 47

3.7　二次晶间距 ………………………………………………………… 48

　3.7.1　二次晶间距的测量 ……………………………………………… 48

　3.7.2　二次晶间距测量图例 …………………………………………… 49

3.8　硅钢坯断口与冷酸腐蚀和枝晶腐蚀凝固组织对比检验 ………… 51

3.9　连铸圆坯枝晶腐蚀凝固组织的分布 ……………………………… 52

　3.9.1　采样情况 ………………………………………………………… 52

　3.9.2　试验结果 ………………………………………………………… 53

　3.9.3　结论 ……………………………………………………………… 55

参考文献 ………………………………………………………………… 55

4　连铸钢坯缺陷的检验 ………………………………………………… 56

4.1　中心疏松缺陷 ……………………………………………………… 58

　4.1.1　中心疏松缺陷特征 ……………………………………………… 61

　4.1.2　中心疏松缺陷形成机理 ………………………………………… 62

　4.1.3　中心疏松缺陷的影响因素 ……………………………………… 63

4.2　中心偏析缺陷 ……………………………………………………… 63

　4.2.1　中心偏析缺陷特征 ……………………………………………… 64

　4.2.2　中心偏析缺陷形成机理 ………………………………………… 67

　4.2.3　中心偏析缺陷的影响因素 ……………………………………… 71

　4.2.4　铸坯凝固组织与中心偏析的相关性 …………………………… 72

　4.2.5　V形偏析（半宏观偏析） ……………………………………… 74

　4.2.6　微观偏析 ………………………………………………………… 75

　4.2.7　负偏析 …………………………………………………………… 76

4.3　缩孔缺陷 …………………………………………………………… 78

　4.3.1　缩孔缺陷特征 …………………………………………………… 80

　4.3.2　缩孔缺陷形成机理 ……………………………………………… 80

　4.3.3　缩孔缺陷的影响因素 …………………………………………… 81

4.4　裂纹缺陷 …………………………………………………………… 82

　4.4.1　裂纹缺陷特征和形成 …………………………………………… 87

　4.4.2　裂纹缺陷形成机理 ……………………………………………… 91

　4.4.3　裂纹缺陷的影响因素 …………………………………………… 92

　　4.5　气泡缺陷 ··· 93
　　　　4.5.1　气泡缺陷的演变 ······························· 98
　　　　4.5.2　气泡缺陷产生的原因 ························· 99
　　　　4.5.3　气泡缺陷的影响因素 ························· 100
　　4.6　夹杂物缺陷 ··· 102
　　　　4.6.1　夹杂物缺陷产生方式与原因 ············ 103
　　　　4.6.2　内弧侧夹杂物聚集带 ······················ 106
　　　　4.6.3　铸坯窄面夹杂物聚集 ······················ 107
　　　　4.6.4　钢流冲击深度对夹杂物分布的影响 ···· 108
　　　　4.6.5　常见内生夹杂物 ··························· 108
　　　　4.6.6　外来夹杂物来源 ··························· 109
　　　　4.6.7　夹杂物缺陷的辨别 ······················ 110
　　　　4.6.8　斯托克斯碰撞与夹杂物上浮 ············ 110
　　　　4.6.9　防止夹杂物缺陷的措施 ·················· 111
　　参考文献 ··· 113

5　连铸钢坯凝固组织和缺陷对比检验 ················· 115
　　5.1　连铸坯凝固组织对比检验 ························· 115
　　　　5.1.1　40Cr 小方坯凝固组织 ···················· 115
　　　　5.1.2　20MnSi 钢连铸坯凝固组织 ·············· 115
　　　　5.1.3　45 钢连铸坯凝固组织 ···················· 115
　　　　5.1.4　20 钢连铸坯凝固组织 ···················· 117
　　　　5.1.5　硅钢连铸坯冷酸腐蚀凝固组织 ·········· 117
　　　　5.1.6　J55 连铸坯热酸腐蚀凝固组织 ··········· 117
　　　　5.1.7　N80 钢连铸坯热酸腐蚀凝固组织 ······· 117
　　　　5.1.8　拉坯速度对 20 钢圆铸坯等轴晶率的影响 ··· 118
　　　　5.1.9　HPB300 连铸坯表面附近细小等轴晶检验 ··· 121
　　　　5.1.10　Q235B 板坯凝固组织对比检验 ········· 122
　　　　5.1.11　硅钢板坯凝固组织对比检验 ············ 123
　　　　5.1.12　硅钢板坯交叉树枝晶对比检验 ·········· 123
　　　　5.1.13　普碳钢小方坯电脉冲处理 EPM 冶金效果判断 ··· 124
　　　　5.1.14　Q235B 板坯交叉树枝晶对比检验 ······ 124
　　　　5.1.15　510L 板坯凝固组织对比检验 ··········· 124
　　　　5.1.16　Q345B 凝固组织对比检验 ·············· 124
　　　　5.1.17　S82B 板坯凝固组织对比检验 ··········· 126

5.1.18　30Mn2 钢圆坯对比检验 ……………………………………………… 126

5.1.19　34Mn6 钢圆坯对比检验 ……………………………………………… 127

5.1.20　电磁搅拌（M-EMS）对 GH3030 高温合金组织的影响 ………… 128

5.1.21　电磁搅拌（M-EMS）对 800 号小圆锭凝固组织的影响 ………… 129

5.1.22　电磁搅拌（M-EMS）对 15CrMo 小圆锭凝固组织的影响 ……… 129

5.1.23　30Mn2 连铸坯凝固组织对比检验 …………………………………… 129

5.1.24　U75V 重轨方坯凝固组织对比检验 ………………………………… 131

5.1.25　连铸板坯柱状晶"搭头" ……………………………………………… 131

5.1.26　60mm 厚 45 钢钢板横、纵向凝固组织 …………………………… 132

5.2　连铸坯缺陷对比检验 ………………………………………………………… 133

5.2.1　SPHE 连铸板坯中心偏析对比检验 ………………………………… 133

5.2.2　SPHE 连铸板坯夹杂物对比检验 …………………………………… 133

5.2.3　SPHD 连铸板坯 B 类中心偏析对比检验 ………………………… 133

5.2.4　中碳钢板坯针孔气泡对比检验 ……………………………………… 135

5.2.5　低碳钢板坯中间裂纹和中心偏析对比检验 ……………………… 136

5.2.6　管线钢板坯 B 类中心偏析对比检验 ……………………………… 136

5.2.7　Q235B 连铸板坯凝固组织和夹杂物对比检验 …………………… 138

5.2.8　Q345B 连铸板坯 B 类中心偏析和凝固组织对比检验 ………… 139

5.2.9　管线钢连铸板坯中间裂纹对比检验 ……………………………… 140

5.2.10　Q195 板坯中间裂纹对比检验 ……………………………………… 141

5.2.11　Q235B 连铸板坯表面纵裂与细小等轴晶厚度关系 …………… 142

5.2.12　Q235B 连铸小方坯脱氧不良生成的 CO 皮下蜂窝气泡 ……… 142

5.2.13　中碳铬钢圆坯针孔气泡对比检验 ………………………………… 143

5.2.14　Q235B 连铸板坯二冷电磁搅拌 S-EMS 冶金效果判断 ……… 144

5.2.15　硅钢连铸板坯 B 类中心偏析对比检验 ………………………… 145

5.2.16　区分 A 板连铸板坯皮下针孔气泡和皮下夹杂物 ……………… 145

5.2.17　连铸 CSB 低碳钢板坯针孔气泡研磨、抛光和腐蚀对比检验 … 146

5.2.18　连铸硅钢板坯三角区裂纹、角部裂纹对比检验 ……………… 149

5.2.19　连铸 AG6K11 板坯中间裂纹、三角区裂纹和中心裂纹对比

　　　　检验 …………………………………………………………………… 149

5.2.20　Q235B 连铸板坯中间裂纹缺陷对比检验 ……………………… 150

5.2.21　Q195 板坯中间裂纹对比检验 ……………………………………… 153

5.2.22　Q195 板坯三角区裂纹对比检验 …………………………………… 153

5.2.23　45 钢连铸板坯中心偏析枝晶腐蚀与硫印检验对比分析 …… 154

5.2.24　SPHC 钢连铸板坯三角区附近的中间裂纹对比分析 ………… 154

5.2.25 65Mn 连铸板坯横向断面中心裂纹分析 ·············· 158

5.2.26 20SiMn2 连铸板坯 B 类中心偏析对比检验和分析 ·········· 160

5.2.27 Q345B 连铸板坯中心偏析对比检验 ·············· 164

5.2.28 GCr15 轴承钢连铸坯未退火与退火凝固组织对比检验 ······· 165

5.2.29 16Mn 连铸板坯偏析和中间裂纹缺陷演变 ··········· 167

参考文献 ······························· 168

6 连铸钢坯缺陷案例分析 ···················· 170

6.1 SS400B 热轧钢板边部表面缺陷 ················ 170

6.1.1 概况 ························· 170

6.1.2 检验方法与结果 ···················· 170

6.1.3 分析意见 ······················· 173

6.1.4 结论 ························· 173

6.2 BNS 低合金钢管内折缺陷与管坯等轴晶的关系 ········· 173

6.2.1 概况 ························· 173

6.2.2 检验结果 ······················· 174

6.2.3 分析意见 ······················· 175

6.2.4 结论 ························· 175

6.3 SAE1008 盘条轧制劈裂产生原因分析 ············· 175

6.3.1 概况 ························· 175

6.3.2 低倍检验结果 ···················· 176

6.3.3 结论 ························· 177

6.4 二冷电磁搅拌对硅钢连铸坯质量的影响 ············ 177

6.4.1 概况 ························· 177

6.4.2 检验结果 ······················· 177

6.4.3 分析意见 ······················· 177

6.4.4 结论 ························· 180

6.5 大方坯内弧侧凹陷产生皮下裂纹缺陷分析 ··········· 180

6.5.1 概况 ························· 180

6.5.2 检验结果 ······················· 180

6.5.3 分析意见 ······················· 180

6.5.4 结论 ························· 180

6.6 结晶器电磁搅拌（M-EMS）对贝氏体钢轨连铸坯凝固组织的
影响 ·························· 181

6.6.1 概况 ························· 181

6.6.2　检验结果 ……………………………………………… 182

6.6.3　分析意见 ……………………………………………… 184

6.6.4　结论 …………………………………………………… 185

6.7　20 钢粘结漏钢事故分析 …………………………………… 185

6.7.1　概况 …………………………………………………… 185

6.7.2　检验结果 ……………………………………………… 186

6.7.3　粘结漏钢机理和过程 ………………………………… 189

6.7.4　影响粘结漏钢的因素 ………………………………… 189

6.8　80 钢坯偏角内裂纹漏钢事故分析 ………………………… 191

6.8.1　概况 …………………………………………………… 191

6.8.2　检验结果 ……………………………………………… 191

6.8.3　漏钢产生原因 ………………………………………… 193

6.8.4　结论 …………………………………………………… 194

6.9　82B 钢绞线拉拔生产断裂和钢丝拉伸试验断裂分析 …… 194

6.9.1　概况 …………………………………………………… 194

6.9.2　检验结果和分析 ……………………………………… 195

6.9.3　结论 …………………………………………………… 199

6.9.4　改进措施 ……………………………………………… 199

6.10　连铸 82A 小方坯 C、S 偏析系数测定 …………………… 201

6.10.1　概况 …………………………………………………… 201

6.10.2　工序流程和取样方法 ………………………………… 201

6.10.3　铸坯 C、S 含量分析结果 …………………………… 201

6.10.4　铸坯 C、S 偏析系数计算结果 ……………………… 202

6.10.5　分析意见 ……………………………………………… 202

6.10.6　结论 …………………………………………………… 204

6.11　镀锌冷轧薄板表面孔洞和起皮缺陷分析 ………………… 204

6.11.1　概况 …………………………………………………… 204

6.11.2　检验结果 ……………………………………………… 204

6.11.3　分析意见 ……………………………………………… 208

6.11.4　结论 …………………………………………………… 208

6.12　冲压啤酒瓶盖产生分层的原因分析 ……………………… 208

6.12.1　概况 …………………………………………………… 208

6.12.2　检验结果 ……………………………………………… 209

6.12.3　分析意见 ……………………………………………… 210

6.12.4　结论 …………………………………………………… 210

6.13 Q235B 热轧钢板冷弯断裂原因分析 ································ 211
   6.13.1 概况 ··· 211
   6.13.2 检验结果 ·· 211
   6.13.3 分析意见 ·· 213
   6.13.4 结论 ··· 213

6.14 45 圆钢热顶锻开裂的检验和分析 ··························· 213
   6.14.1 概况 ··· 213
   6.14.2 检验结果 ·· 214
   6.14.3 分析意见 ·· 215
   6.14.4 结论 ··· 217
   6.14.5 改进措施 ·· 217

6.15 20MnSi 带肋螺纹钢筋沿轧制方向劈裂的原因分析 ············ 218
   6.15.1 概况 ··· 218
   6.15.2 检验结果 ·· 218
   6.15.3 分析意见 ·· 220
   6.15.4 结论 ··· 222

6.16 Q235B 钢板表面"铜脆"龟裂缺陷原因分析 ··················· 222
   6.16.1 概况 ··· 222
   6.16.2 检验结果 ·· 223
   6.16.3 分析意见 ·· 224
   6.16.4 结论 ··· 225

6.17 Q235B 热轧钢板伸长率不合格的原因分析 ··················· 225
   6.17.1 概况 ··· 225
   6.17.2 检验结果 ·· 226
   6.17.3 分析意见 ·· 231
   6.17.4 结论 ··· 232
   6.17.5 防止措施 ·· 232

6.18 厚规格 718H 模具钢探伤不合格原因分析 ··················· 232
   6.18.1 概况 ··· 232
   6.18.2 检验结果 ·· 233
   6.18.3 分析意见 ·· 235
   6.18.4 结论 ··· 236

参考文献 ·· 236

1 连铸钢坯质量指标

连铸钢坯质量对钢材质量有直接影响，为了提高钢材质量，首先必须提高连铸坯的质量。一般连铸坯质量指标包括洁净度、凝固组织、内部质量、表面质量和形状缺陷五个指标。

1.1 洁 净 度

连铸坯洁净度是指连铸坯中非金属夹杂物和杂质元素含量的多少，含量越少，钢的洁净度越高。非金属夹杂物主要是指钢中的非金属元素如 C、N_2、S、P、O_2 的化合物，其中以 O_2、S 的化合物为主。杂质元素主要是指 C、S、P 和气体 N_2、H_2、O_2 含量。1962 年 Kissling 把钢中微量元素 Pb（铅）、As（砷）、Sb（锑）、Bi（铋）、Cu（铜）、Sn（锡）也列入在杂质元素之列[1,2]，主要是因为这些元素在炼钢过程中不能氧化，难以去除。随着废钢的不断返回利用，钢中的这些微量杂质元素不断富集，危害日益增加。

1.1.1 洁净钢的定义

洁净钢技术是钢厂为了满足用户工程需要的一项竞争技术，由于不同工程需求各异，为了满足特定服役环境的差异，应用不同钢种，使用不同洁净度的钢材。钢材洁净度国家没有统一标准，钢材能够满足用户工程上要求就可以了。考虑生产成本，用户根据钢材不同使用条件，提出不同洁净度的要求。因此，洁净钢不是绝对的概念，而是相对的概念，可以定义为：当钢中的非金属夹杂物直接或间接影响钢种生产性能和使用性能时，该钢就不是洁净钢；而如果钢中夹杂物的数量、尺寸、分布对产品的生产性能和使用性能都没有影响，那么这种钢就可以认为是洁净钢[3]。

高端乃至尖端钢材产品的洁净度要求，与普通钢材产品洁净度的要求不同，前者要求高。例如，用于高层建筑、重载桥梁、海洋设施等钢板目前硫控制在 80×10^{-6} 以下，有的达到了 50×10^{-6} 以下；用于轮胎的钢帘线要求钢中总氧含量小于 10×10^{-6}，夹杂物尺寸小于 $5\mu m$；轴承钢中的总氧量每降低 1×10^{-6}，其寿命可以提高 10 倍，目前轴承钢中总氧量最好水平的含量平均为 $(4 \sim 6) \times 10^{-6}$，国内 $(5 \sim 9) \times 10^{-6}$；用于易拉罐的镀锌板要求总氧量小于 10×10^{-6}，钢中

Al_2O_3 夹杂物尺寸小于 $10\mu m$；生产汽车外板，要求钢中总氧含量小于 20×10^{-6}，且 Al_2O_3 夹杂物尺寸小于 $10\mu m$。合理制定不同钢种的洁净度控制规范，既满足甚至超过用户预期性能，又防止性能的浪费，达到经济洁净的目的，是洁净钢用户工程学的重要课题[4]。

1.1.2　夹杂物的危害

夹杂物是炼钢脱氧和钢液凝固过程中产生的非金属化合物，是衡量连铸坯洁净度的一个重要指标。夹杂物在结构上与金属基体无任何联系，镶嵌在基体中，破坏金属连续性和致密性。夹杂物在钢中与微裂纹的作用类似，使钢材的力学性能，特别是塑性、韧性和疲劳性能都有不同程度的下降。其危害大小与其数量、尺寸、分布和性质有关。

夹杂物对钢材力学性能的影响如下：

（1）塑性。夹杂物对钢材的屈服强度、抗拉强度不会产生很大影响，但是对钢材的塑性（伸长率、断面收缩率）影响较为明显。在热轧过程中，变形良好的夹杂物和链状脆性夹杂物使钢材产生各向异性，造成钢材横向伸长率、断面收缩率显著下降。

钢材中经常含有第Ⅱ类硫化物沿树枝晶间或晶界分布，对钢材的塑性影响较大。

（2）韧性。韧性指标包括冲击韧性和断裂韧性。冲击韧性表征钢材抵抗冲击破坏的能力；断裂韧性表征钢材组织裂纹失稳扩展的能力。夹杂物数量、硬度、尺寸、分布和形状的不同对其影响严重程度也不同。

（3）抗疲劳性能。夹杂物对疲劳性能影响有二：一是夹杂物不能传递钢基体中的应力，产生应力集中；二是夹杂物与基体的线膨胀系数不同，在夹杂物周围钢基体中会产生径向拉应力，该应力与外界所施加的循环应力共同作用，会使疲劳裂纹优先在靠近夹杂物的钢基体中形成。夹杂物对疲劳性能的影响与钢材变形率和夹杂物数量、尺寸、形状、分布、曲率半径以及金属基体性质、膨胀系数有很大关系。

（4）切削性能。钢中经常加入硫和铅元素来提高钢的切削性能。铅呈细小金属颗粒均匀附着在硫化物夹杂的周围，铅的低熔点，切削时铅熔化渗出起润滑作用，降低摩擦，提高切削性能，达到确保工件表面光洁度和尺寸精度的目的。轴类、连接件、紧固件等都使用易切削钢。

（5）加工工艺性能。夹杂物对钢材加工性能，如冲压、冷弯、热镦、冷拉等有不良影响。例如，夹杂物对汽车板、家用电气板、饮料罐制品加工性能也有影响。特别是轮胎钢丝直径小（$\phi 0.25mm$），要求盘条中夹杂物小于 $5\mu m$。

（6）表面粗糙度。钢中夹杂物使钢材表面粗糙度加大，这主要与氧化物夹杂物（如 Al_2O_3）数量有关。

（7）焊接性能。硫化物夹杂和大颗粒氧化物夹杂都使钢材的焊接性能明显下降。

（8）抗硫化氢腐蚀（HIC）性能。石油天然气中含有大量腐蚀性质的 H_2S 气体，尤其是湿硫化氢更容易引起硫化氢腐蚀，导致重大安全事故。

硫化氢腐蚀机理：

$$H_2S + Fe \longrightarrow FeS + 2H_{吸附} \quad （氢原子被吸附在钢管表面）$$
$$2H_{吸附} \longrightarrow 2H_{吸收} \quad （氢原子被吸收渗透到管壁内）$$
$$2H_{吸收} \longrightarrow H_2 \quad （氢原子进入到夹杂物周围，形成 H_2）$$

氢原子变成氢分子体积增大 20 倍，压力急剧升高，当压力达到大于钢的强度时，钢产生裂纹。MnS 夹杂物线膨胀系数大于基体，成为氢的陷阱。

1.1.3 提高洁净度的措施

提高钢的洁净度就是在钢水进入结晶器之前，各工序要尽量减少钢水的氧化和污染，并把夹杂物从钢水中排除。为此应采取以下措施：

（1）降低转炉终点补吹次数。为了减少夹杂物的生成数量，必须降低转炉终点补吹次数，降低终点氧含量。

（2）无渣出钢。转炉使用挡渣球挡渣出钢，电炉采用偏心炉底出钢，阻止钢渣进入钢包，污染钢液。

（3）采用无氧化浇注技术。在钢包→中间包→结晶器中均采用保护浇注技术。中间包使用双层渣覆盖剂，隔绝空气，避免钢液的二次氧化。

（4）根据钢种的需要选择合适的精炼处理方法，改善夹杂物的数量、形态和分布，净化钢液，提高洁净度。

（5）充分发挥结晶器的钢液净化器和连铸坯质量控制器的作用。选用的浸入式水口应设计合理的形状、合适的开口度和偏斜角度，控制结晶器流场，促进夹杂物的上浮分离。并采用性能良好的保护渣，吸收结晶器中上浮夹杂物，净化钢液。

（6）充分发挥中间包冶金净化器的作用。采用中间包吹 Ar 技术，改善钢液流动状况，消除中间包死区。加大中间包容量、加深熔池深度及采用控流装置，延长钢液在中间包内的停留时间，促进夹杂物上浮，进一步净化钢液。

（7）连铸系统选用耐高温、熔损小、高质量的耐火材料，以减少钢中外来夹渣。

（8）采用电磁搅拌技术。

1）结晶器电磁搅拌（M-EMS）：降低过热度，清洗连铸坯表面凝固层，去除夹杂和气体，增加等轴晶和更新结晶器中钢/渣界面，有利于保护渣吸收上浮的夹杂。

2）二冷电磁搅拌（S-EMS）：降低凝固前沿温度梯度，打碎柱状晶和消除柱状晶"搭桥"。

3）末端电磁搅拌（F-EMS）：消除或降低中心偏析、中心疏松和缩孔，减少导致中心裂纹缺陷。

1.2　凝固组织和内部质量

连铸坯的凝固组织是连铸坯在冷却凝固过程中形成的结晶形貌，包括细小等轴晶（激冷层、坯壳晶）、柱状晶、交叉树枝晶和等轴晶。根据检测的凝固组织，可以判断连铸坯的凝固条件；通过改进凝固条件，减少连铸坯缺陷，提高铸坯质量。详见第 3 章"连铸钢坯凝固组织的检验"。

内部质量是指连铸坯内部是否有标准规定的偏析、疏松、裂纹、缩孔、气泡和夹杂 6 种缺陷。内部质量与钢的洁净度、凝固条件、工艺参数、设备状态和操作有关。二冷配水和铸机支撑系统严格对中也是保证连铸坯内部质量的关键。详见第 4 章"连铸钢坯缺陷的检验"。

1.3　表　面　质　量

表面质量是指连铸坯表面是否有裂纹（如表面纵裂、横裂和网状裂纹）、气孔、夹杂、卷渣、渗漏及划伤等缺陷。表面深振痕、凹陷和增碳（偏析）也属于表面缺陷。表面缺陷是钢水在结晶器中凝固时，钢水→凝壳→铜板→保护渣之间匹配不协调产生的，因此，表面缺陷与浇注温度、拉坯速度、保护渣性能、结晶器振动以及结晶器液面波动有关。表面缺陷一般都发生在结晶器中，只有划伤例外。

1.3.1　表面纵向裂纹

1.3.1.1　表面纵向裂纹特征和分布

连铸坯表面纵向裂纹一般出现在板坯的宽面上，内因是初生坯壳厚度过薄或厚度不均，外因是拉应力超过局部坯壳临界应力和应变。连铸坯表面纵裂在结晶器中发生，到二冷区加宽、加深。

如图 1-1 和图 1-2 所示，连铸坯表面纵向裂纹多出现在板坯宽面内、外弧侧表面，一般内弧侧表面裂纹较外弧侧多，特别是内弧侧宽度的中心 1/2 区域或宽度 1/4 区域出现概率较大，发生在外弧侧及板坯窄面较少。严重的表面纵向裂纹往往与表面凹陷伴随发生。

板坯表面纵向裂纹有粗大和较细小的两种类型。粗大裂纹的长度、开口宽度和深度可在较大范围内变化，裂纹长短不一，最长可达数米，开口宽度可达 10～15mm，深度可达 5～60mm，有时在裂纹中发现有结晶器保护渣成分。钢材

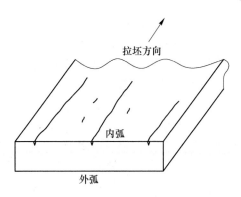

图 1-1 连铸板坯表面纵向裂纹示意图

图 1-2 连铸板坯表面纵向裂纹实物图

表面纵裂，金相检验发现裂纹中有严重氧化，其周围有脱碳现象。细小裂纹长度为 5~30mm，开口宽度一般小于 1mm，深度也小于 1mm。细小裂纹长度越短，开口宽度越小，深度也越浅。板坯轧前在加热炉中通常要氧化掉 1mm 左右深度，因此，长度在 10mm 左右的裂纹，对于两火成材工艺，不清理也可能不会对钢材表面质量产生影响；但采用热装直接轧制工艺时，由于在炉加热时间短，表面氧化轻而不能被氧化掉，对轧制钢材表面会产生影响。

1.3.1.2 表面纵向裂纹产生的原因及防止措施

如文献报道[5]，连铸坯纵向裂纹一般出现在板坯的宽面上。根据纵向裂纹的形态分析判断：裂纹左右两侧受到拉伸力作用，如图 1-3 所示。由于纵向裂纹出现于连铸坯宽面边部到中心的整个连铸坯表面，因此，使连铸坯产生纵向裂纹的拉伸力源于铸坯两侧的向外张力。而这种向外的张力实际上就是钢水静压力对窄边坯壳向外的张应力与铸坯宽边收缩作用的结果。在铸坯宽面上，由于厚度方向收缩量较小，铸坯与结晶器铜板壁的间隙有限，可以认为钢水的静压力完全被结晶器壁的支撑力所抵消。而在铸坯窄面上，由于铸坯宽度方向收缩量较大，铸坯窄面与结晶器铜板壁的间隙容易变得较大，钢水的静压力难以被结晶器壁的支撑力所抵消，因此对铸坯宽面凝壳产生向两侧的拉伸力。一般情况下，在宽面方向上铸坯的凝壳厚度也是不均匀的，当该拉伸力大于铸坯宽面某处凝壳的抗拉强度时，凝壳即在其最薄弱的地方发生开裂，最终在连铸坯表面形成纵向裂纹，严重时发生漏钢事故。尤其是在结晶器锥度较小情况下，更容易产生这种现象。

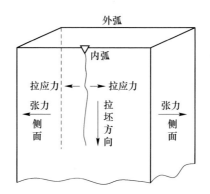

图 1-3 连铸坯产生表面纵向裂纹的受力

表面纵向裂纹产生的原因及防止措施具体为：

（1）钢水成分。$w[C] = 0.012\% \sim 0.015\%$、$w[S] > 0.015\%$、$w[P] > 0.020\%$纵向裂纹增加，$w[Mn]/w[S]$降低纵向裂纹升高。

（2）拉速增加，液渣膜减少，液渣膜厚度小于10mm，纵向裂纹增加。

（3）结晶器倒锥度不合适，或结晶器液面产生波动，都会促使纵向裂纹增加。

（4）防止结晶器振动，选择合适的频率、振幅和负滑脱时间。

（5）浸入式水口的孔径大小、出口倾角和插入深度要合适。

（6）确定合理的浇铸温度及拉坯速度。

1.3.2 表面横向裂纹

1.3.2.1 表面横向裂纹特征和分布

连铸坯表面横裂纹形成机制复杂，影响因素众多，长期以来一直是困扰国内外各大钢厂的一大难题。尤其是微合金化技术广泛应用以后，表面横裂纹的问题更加突出。虽然国内外学者经过了大量研究，钢厂做了大量试验，但由于影响表面横裂纹的原因很多，因此大部分厂家也只能降低其发生率，不能根本消除。

表面横裂纹在板坯、方坯、矩形坯、圆坯及异型坯的表面都有可能发生，如图 1-4 和图 1-5 所示。

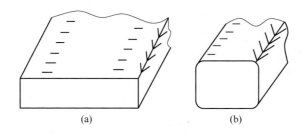

图1-4　连铸坯表面横向裂纹示意图

（a）板坯横裂和角横裂；（b）方坯横裂和角横裂

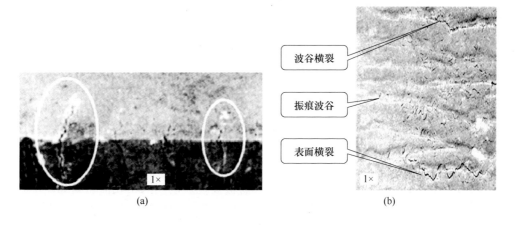

图1-5　连铸坯表面横向裂纹实物图

（a）方坯角部横向裂纹；（b）板坯振痕和横裂纹

1.3.2.2　表面横向裂纹产生原因

国内外许多研究表明[6]，表面角横裂的产生都与连铸坯中原奥氏体晶界的脆化有关，其机理可以归结为奥氏体晶界各种质点的析出，奥氏体晶界弱化，在应力作用下，析出物颗粒周围微孔聚合产生晶间裂纹。板坯表面角横裂的形成可以分为3个阶段。

第一阶段：形成振痕。振痕能产生缺口效应，造成应力集中。振痕越深，缺口效应越明显，而且振痕底部的晶粒组织更为粗大，强度较低。

第二阶段：板坯边角部的温度制度。板坯角部温度控制在奥氏体区域，能够避免因导辊不佳而引起 Nb(CN)、AlN 等的应变诱导析出。当温度跌入 $\gamma + \alpha$ 两相温度区时，在原奥氏体晶界上会形成铁素体膜，在铁素体膜中也将伴随有 MnS、Nb(CN) 等的析出，温度的交替变化更会促使这种情况的发生。

第三阶段：板坯的矫直。尤其是在钢的裂纹敏感温度下，矫直对角横裂的产生起到促进作用。此时板坯的外弧面受压应力作用，而内弧面受到拉伸张应力作用，所以角横裂多出现在内弧侧。

1.3.2.3 减少表面横裂纹的措施

（1）结晶器采用高频率、小振幅结晶器振动，减小振痕深度。

（2）二冷区平稳冷却。根据钢种不同，二冷配水量分布应使铸坯表面温度分布均匀，尽量减少铸坯表面和边部温差。控制矫直铸坯温度，避开脆性温度区矫直。

（3）降低钢中 S、O、N 的含量，以减少硫化物和氮化物析出，适当加入 Ti、Zr、Ca。

（4）选用性能良好的保护渣。

（5）保持结晶器液面稳定，要求液面波动不超过 ±5mm。

（6）矫直辊水平度异常时，促使横裂增多，因此，应该把辊子水平度控制在 2mm 以内。

1.3.3 表面网状裂纹

（1）表面网状裂纹特征。连铸坯表面网状（星状）裂纹位于铸坯表面，无固定方向，长 10~20mm，开口宽 0.2~1.5mm，深 0.2~5mm，呈网状形状。由于表面网状裂纹细小，埋藏在氧化铁皮下面，因此在铸坯表面有时难以发现，需要表面酸洗、刨掉 1~2mm 或经火焰表面清理后才可以清楚看到。但是，轧制成钢材时，铸坯表面网状裂纹在钢材上较容易被发现。钢坯网状表面裂纹如图 1-6 所示，经过酸洗、加工后，网状裂纹更加清楚。钢板网状表面裂纹实物如图 1-7 所示，经热加工裂纹在钢板上呈"束状""网状"和"舌状"等特征。

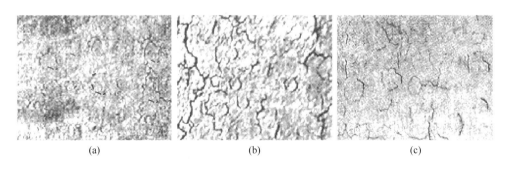

(a)　　　　　　　　　　(b)　　　　　　　　　　(c)

图 1-6　铸坯网状表面裂纹实物图（1×）

（a）连铸坯酸洗前；（b）连铸坯酸洗后；（c）连铸坯铣掉 1~2mm 后

（2）表面网状裂纹产生原因。表面网状（星状）裂纹形成原因非常复杂，人们有不同观点，大致如下[7]：

1）铜渗透和铜富集。铜渗透。在结晶器下部铜板渣层破裂，发生固/固摩擦接触，Cu 局部黏附在坯壳上。Cu 熔点为 1040℃，Cu 熔化后沿奥氏体晶界渗透，

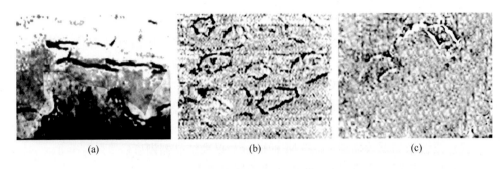

图 1-7　钢板网状表面裂纹实物图（1×）

（a）钢板"束状"裂纹；（b）钢板"网状"裂纹；（c）钢板"舌状"裂纹

晶界被破坏而失去塑性，产生热脆现象。金相分析表明，在裂纹里常发现有铜（$w[\mathrm{Cu}]=1.6\%$），证明了该观点的正确性。

铜富集。钢中含 Cu0.05% ~ 0.20%，高温铸坯由于 Fe 氧化，在 FeO 皮下形成熔点低、含 Cu 的富集相（70% Cu、15% Ni、10% Sn、5% Fe），形成液相沿晶界穿行，在高温时（1100 ~ 1200℃）具有最大的裂纹敏感性。

2）奥氏体晶界沾污。结晶器弯月面初生坯壳由于 $\delta\to\gamma$ 转变→收缩→膨胀→坯壳弯曲，在张力和钢水静压力作用下，奥氏体晶界裂开，固/液界面富集溶质的液体进入裂纹，加上晶界析出物，污染了晶界，成为晶界薄弱点，是产生星状裂纹的源点。铸坯运行过程中进一步受到张力作用（鼓肚、不对中、不均匀冷却等），裂纹进一步扩展。

3）表面凹陷和不规则褶皱。板坯表面有凹陷和不规则振痕。清理后，发现有的分布着细小裂纹，裂纹深 2mm，内含 Si、Al、Ca 及 Na 的氧化物。在轧材表面会遗留如头发丝细小的裂纹，有时还会发现 Al_2O_3、SiO_2、Na 及 K 等成分，与保护渣成分相近。

采用防止纵向裂纹产生的措施，尤其是控制结晶器振动（高频率，小振幅）和高温碱性保护渣，可使星形裂纹明显减少。

4）H_2 过饱和析出。当钢水中 $w[\mathrm{H}]>0.00055\%$ 时，出现网状裂纹废品，$w[\mathrm{H}]>0.001\%$ 时，网状裂纹废品增加。

在结晶器的弯月面区，结晶速度很快（冷却速度 > 100℃），凝固初生坯壳中氢过饱和。当坯壳温度降低时，原子氢从固体中析出，向晶间的微孔隙扩散变成 H_2，造成附加应力，再加上钢水静压力和收缩力，超过了一定温度下钢的允许强度，钢则沿晶界断裂，形成网状裂纹。

降低钢中 $w[\mathrm{H}]$ 和 $w[\mathrm{S}]$，提高 $w[\mathrm{Mn}]/w[\mathrm{S}]$，可使网状裂纹明显减少。

5）晶间硫化物脆性。树枝晶间富集 S→奥氏体晶界富集熔点为 980 ~ 1000℃ 的（Fe，Mn）S（Mn 28% ~ 29%、Fe 34% ~ 35%、S 36%），在晶界处形成硫化物液体薄膜，在外力作用下形成网状裂纹。

降低 $w[S]$，提高 $w[Mn]/w[S]$，延长加热时间，提高加热温度，使晶界（Fe，Mn）S 转变为 MnS，可减少轧制板材中的星形裂纹。

（3）减少表面网状裂纹的措施。

1）针对钢水成分对裂纹的敏感性，将 C、S、N 含量控制在合理的范围，锰硫比应大于 40，即 $w[Mn/S] > 40$。

2）改善结晶器表面镀 Cu 和 Ni 的质量，提高结晶器硬度。

3）精选原料，降低 Cu、Sn 等元素的原始含量。

4）优化结晶器锥度和采用合适的保护渣，控制钢中 Al、N 的含量。

5）选择合适的二次冷却制度，防止铸坯在连铸过程中受到过大应力。

6）优化结晶器锥度和采用合适的保护渣。

1.3.4 表面夹渣

在铸坯表面或皮下镶嵌有大块的渣子，称为表面夹渣。一般情况下，夹渣的导热性低于钢，致使夹渣处坯壳生长缓慢，凝固壳薄弱，往往是拉漏的起因。

夹渣试验表明，夹渣方式主要有两种[8]：

（1）漩涡夹渣。在浸入式水口附近存在漩涡，造成夹渣。漩涡的形成机理为：

1）水口对中不良、水口堵塞或水口冲蚀造成水口两侧流股的出口速度和方向不对称而形成漩涡。

2）射流从水口流出时形成负压，导致在水口两侧形成汇流漩涡。

（2）结晶器窄面夹渣。从水口喷出的流股与结晶器窄面相碰后形成上、下两个流股，沿窄面向上的流股因具有向上的速度，必造成弯月面附近的钢液面波动。钢流在由窄面向中心流动时对钢－渣界面产生剪切作用，使一部分保护渣在此流股方向上被延伸。由于浮力的作用，渣须的上部产生颈缩和翘曲，颈缩处的直径随渣须的伸长越来越细，最后断裂成渣滴。此渣滴被卷入钢液有可能被凝固坯壳的前沿捕捉，形成皮下夹渣。

消除铸坯表面夹渣的措施如下：

（1）保证结晶器液面稳定，使结晶器壁与坯壳之间渣膜均匀，保证良好润滑和均匀传热。

（2）拉速不要过大，以避免结晶器液面激烈波动。

（3）浸入水口要对中，否则产生偏流，引起结晶器大翻，造成卷渣。

（4）选择合理的水口尺寸及插入深度，插入深度不合适，会造成结晶器翻卷，卷入保护渣。

（5）中间包塞棒的吹氩气量控制合适。

（6）选用性能良好的保护渣。

1.4 形 状 缺 陷

1.4.1 菱变缺陷

形状缺陷是指铸坯形状是否规矩，尺寸公差是否达到要求。如果方形铸坯一条对角线大于另一条对角线称之为菱形变形，或称"脱方"。"脱方"缺陷严重时，会给连轧工序咬入孔型带来困难，影响后续轧制工序。连铸坯形状缺陷有时伴随产生裂纹，甚至导致漏钢事故。

影响菱形变形的因素有：

（1）结晶器磨损、变形和内部表面不平整。发现菱变缺陷，马上检查，或更换结晶器。

（2）结晶器铜管的变形或组装结晶器铜板在安装中已发生偏斜。

（3）由于水垢造成结晶器冷却不均匀。

（4）因定径水口安装偏斜或浸入式水口不对中造成的注流偏斜及局部冲刷坯壳，而二次冷却不均匀加剧了菱变变形。造成二次冷却不均匀的因素有：

（1）个别喷嘴的堵塞。

（2）喷嘴安装不对中。

（3）四侧的水量不均匀。

（4）喷嘴喷射角度过大，造成角部过冷。

（5）足辊间距过大，无法对出结晶器下口的铸坯进行适当的校正等。

1.4.2 鼓肚缺陷

连铸坯鼓肚缺陷是指带液心的铸坯在运行过程中，高温坯壳在钢液静压力作用下，在两个支撑辊之间发生的鼓胀成凸面的现象，称为鼓肚变形缺陷（见图 1-8）。铸坯坯壳凸起的高度与原位坯壳位置高度之差 h 叫鼓肚量，依此衡量鼓肚变形程度。板坯鼓肚会引起液相穴内富集溶质元素钢液的流动，从而加重铸坯的中心偏析缺陷，也有可能产生缩孔和裂纹，给铸坯质量带来危害。高碳钢在浇注大、小方坯时，在结晶器下口侧面有时也会产生鼓肚变形，同时还可能引起角部附近的皮下裂纹缺陷。为防止鼓肚变形，应选择合适的辊间距、优秀的辊子刚度、高的辊子对中精度、合理的二冷强度；目前的发展趋势是采用小辊颈、密排多节辊，可以防止鼓肚缺陷的发生。

减少鼓肚的措施如下：

（1）降低连铸机的高度，减小钢液对坯壳的静压力。

（2）铸机从上到下辊距应由密到疏布置。

（3）支撑辊要严格对中。

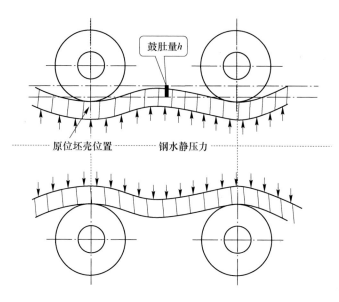

图 1-8   连铸坯形成鼓肚示意图

（4）加大二冷区冷却强度，以增加坯壳厚度。

（5）为防止支撑辊的变形，板坯的支撑辊最好选用多节密排小辊。

1.4.3   椭圆缺陷

椭圆度也称不圆度，指圆形截面的轧材，如圆钢和圆形钢管的横截面上最大与最小直径的差值。椭圆度可以按下列公式用百分数表示：

椭圆度 =（最大直径 − 最小直径）/标称直径外径 ×100%

结晶器与凝固壳之间容易产生间隙，因而容易产生不均匀凝固，造成环形断面上凝固不一致进而产生收缩不一致形成椭圆[9]。

控制圆坯椭圆度产生的措施有：

（1）圆铸坯的拉速应该适当降低。

（2）实现保护浇注，并要使用低碱度、填充性能良好的保护渣。

（3）控制二冷均匀冷却，实现二冷温度在较大范围内缓冷。

（4）控制结晶器液面稳定，最好采用液面自动控制。

1.5   连铸坯五个质量指标关系图

连铸坯的洁净度、凝固组织、内部质量、表面质量和形状缺陷五个质量指标各自独立，但是它们之间又有联系，如图 1-9 ~ 图 1-11 所示。

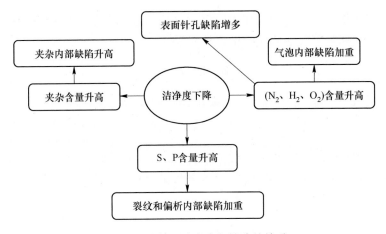

图 1-9 连铸坯洁净度与缺陷的关系

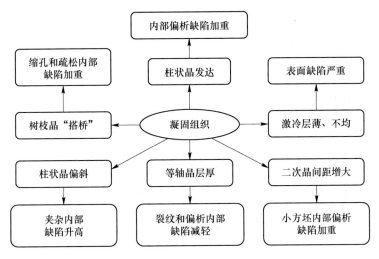

图 1-10 连铸坯凝固组织与缺陷的关系

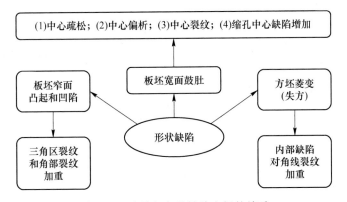

图 1-11 连铸坯各种缺陷之间的关系

　　五个质量指标中，洁净度和凝固组织是连铸坯质量的基础指标，内部质量、表面质量和形状缺陷是连铸坯质量的具体指标。

参 考 文 献

[1] 刘春. 论纯净钢及其生产技术 [J]. 鞍钢技术，2002 (5)：45~48.

[2] 蔡开科，张立峰，刘中柱. 纯净钢生产技术及现状 [J]. 河南冶金，2003，11 (3)：3~10.

[3] 马春生，孙中强. 低成本生产洁净钢的实践 [C] //中国金属学会炼钢分会. 第十七届全国炼钢学术会议文集 (A 卷). 中国金属学会炼钢分会：中国金属学会，2013，460~465.

[4] 亓显玲. 洁净钢新技术与高品质钢的生产 [J]. 山东冶金，2009，31 (1)：5~8.

[5] 姚书芳. 天钢连铸板坯表面纵裂产生原因的分析及对策 [J]. 钢铁研究学报，2010，22 (4).

[6] 王宇平，王一成，谢刚. 薄板坯角横裂成因分析 [J]. 冶金丛刊，2007，172 (6)：13~17.

[7] 蔡开科. 连铸坯表面裂纹的控制 [J]. 鞍钢技术，2004 (3)：1~3.

[8] 齐新霞，刘国林，包燕平，等. 板坯连铸机结晶器钢液卷渣的水模型研究 [J]. 特殊钢，2004，25 (3)：29~31.

[9] 纪国军，季莜燕，金凤奎，等. 圆坯连铸机椭圆度的控制 [J]. 天津冶金，2010 (1)：12~14.

2　连铸钢坯低倍检验方法

钢的低倍检验方法是将连铸坯或钢材沿横向或纵向剖开，经过磨光和腐蚀，再通过肉眼或 10 倍以下放大镜来观察钢的凝固组织和缺陷的方法。低倍检验方法由于设备简单，操作容易，试样面积尺寸大，视域宽广，检测数据能够与被检验产品的质量直接联系起来，因此在冶金厂中得到广泛应用。

经常使用硫印检验、热酸腐蚀、电解腐蚀、冷酸腐蚀和枝晶腐蚀五种检验方法做低倍检验，前四种检验方法称作传统检验方法，最后一种是新研发的检验方法。本书采用硫印检验、热酸腐蚀、电解腐蚀、冷酸腐蚀检验的图片一律注明腐蚀方法，而未注明腐蚀方法的则是采用枝晶腐蚀低倍检验方法，枝晶腐蚀图片在本书中占多数。

2.1　硫　印　检　验

硫印检验方法是检验硫元素在钢锭、连铸坯、模铸钢坯和钢材中分布的低倍（宏观）检验方法（Baumann method）。化学成分分析尽管能够提供钢中硫含量，但是得不到硫在钢中分布的整体形貌。硫印检验方法是通过在稀硫酸水溶液中浸泡过的相纸上的印迹来确定钢中硫化物分布位置及数量，是显示钢中硫偏析的有效方法[1]。硫偏析与连铸坯缺陷有关，所以硫印检验也是研究连铸坯缺陷的方法之一。

2.1.1　引用标准

硫印检验方法按《钢的硫印检验方法》（GB 4236—2016）进行检验。对于连铸钢板坯，按《连铸钢板坯低倍组织缺陷评级图》（YB/T 4003—2016）附录 C 进行评级。目前我国无方、圆坯硫印低倍组织缺陷评级图标准。

2.1.2　取样和试样加工

取样可以用热锯、火焰烧切或冷锯切割等方法进行。试样加工时，必须去除由切割造成的变形区和热影响区，确保检验面不受其影响。检验面距切割面的参考尺寸如下：

（1）热锯切时不小于 20mm；

（2）火焰烧切热坯时不小于 20mm；

（3）火焰烧切冷坯时不小于 25mm；

（4）冷锯切割冷坯时不小于 15mm。

首先使用刨床或铣床把检验面刨（或铣）平，然后用砂轮机或砂带机磨光，检验面的粗糙度 $Ra \leqslant 1.6\mu m$，不许有磨痕。硫印检验不要求光洁度过高（粗糙度过低），因为光洁度过高，硫印相纸可能在检验面上产生滑动。

对于高碳钢和合金钢的铸坯及钢材，在室温下不应该用火焰切割，以免切割后冷却时产生热应力裂纹，影响检验结果。但是，在生产线上的热坯，可用热锯和火焰烧切。高碳钢和合金钢这两个钢种的冷坯可以用冷锯切割。

2.1.3 方法原理

硫印检验方法的原理是：相纸上的稀硫酸水溶液与试样上的硫化物（FeS、MnS）发生反应，生成硫化氢气体，硫化氢再与相纸上的溴化银作用，生成硫化银沉淀，印在相纸的相应位置上，形成黑色或褐色斑点。其反应式为：

$$FeS + H_2SO_4 \longrightarrow FeSO_4 + H_2S \uparrow$$

$$MnS + H_2SO_4 \longrightarrow MnSO_4 + H_2S \uparrow$$

$$H_2S + 2AgBr \longrightarrow Ag_2S \downarrow + 2HBr$$

根据硫印检验原理，当硫含量较高时，硫印检验片效果很好，但是，当硫含量小于 0.005% 时，硫印检验片的效果很差，往往是一张"白片"[2]，这是硫印检验不可克服的弊病。

另外，硫印检验裂纹时，容易造成裂纹开口宽度拓宽的结果。

2.1.4 操作方法

硫印检验方法的操作要在暗室中红灯下进行，也可以在光线较暗的房间中进行。

做硫印检验前要用无水乙醇、苯或四氯化碳对检验面进行擦拭，清除油污。这一步很重要，不能忽视，擦拭不净，硫印片会被污染。

配制稀硫酸水溶液浓度范围 5% ~ 15%，选取 10% 左右的稀硫酸水溶液浓度较为合适。配制时要注意，先把水倒入烧杯中，然后按比例缓慢倒入硫酸，并用玻璃棒进行搅拌。不许反过来先倒硫酸后倒水，否则会产生爆炸。刚配完的溶液有放热升温现象，等到冷却到室温时再浸泡相纸。

将相纸放入稀硫酸水溶液中，浸泡 5 ~ 25min，选取 10min 左右较为合适。去除相纸上多余的稀硫酸水溶液后，将湿润相纸的药面对准试样检验面轻轻覆盖好。要注意相纸不许滑动，以防硫印图像模糊。

为了确保相纸与试样接触良好，用橡胶辊在相纸上不停地辊动，或用脱脂棉擦拭，排除试样表面与相纸之间的气泡。

相纸在试样上的覆盖时间从五分钟到十几分钟不等，一般覆盖5min较为合适。可根据铸坯的化学成分和缺陷类型用以往的经验确定覆盖时间，或者在操作过程中，揭开相纸角部先窥视一下，观察硫印纸上是否有棕色印记，然后确定覆盖时间。但在揭开相纸角部窥视时，在试样检验面上覆盖的相纸不许产生滑动。

相纸取下后，放在流水中冲洗2~3min，冲洗掉相纸上未发生反应的硫酸水溶液，然后放在定影液中定影10min左右，也可以用20%~40%硫代硫酸钠（$Na_2S_2O_3 \cdot 5H_2O$）水溶液做定影液。

定影完毕，放入流水中冲洗10~20min。

纸板相纸干燥时要用上光机上光，涂塑相纸可直接晾干。

一般情况下，同一个试样检验面不可以连续进行两次硫印检验，因为第一次检验就使检验面的表层硫作用殆尽，再进行第二次检验会导致效果不佳。重做硫印检验时，应将检验表面重新进行机械加工，至少切削掉1mm深度。

2.2 热酸腐蚀检验

热酸腐蚀低倍检验方法是用肉眼或10倍的放大镜，检验钢锭、连铸坯、模铸钢坯和钢材中热酸腐蚀检验面凝固组织和缺陷，按标准评级，判断质量，是冶金厂常用的检验方法。

2.2.1 引用标准

按《钢的低倍组织及缺陷酸蚀检验法》（GB/T 226—2015）规定，包括热酸腐蚀、电解腐蚀、冷酸腐蚀和枝晶腐蚀4种检验方法[3]。如果需要仲裁检验时，若无特殊规定条件，推荐使用热酸腐蚀低倍检验方法。

此外还有《优质碳素结构钢和合金结构钢连铸方坯低倍组织缺陷评级图》（YB/T 153），《连铸钢方坯低倍组织缺陷评级图》（YB/T 4002），《连铸钢板坯低倍组织缺陷评级图》（YB/T 4003）附录A：连铸钢板坯缺陷酸蚀低倍评级图。

2.2.2 取样和试样加工

同硫印检验"取样和试样加工"规定。

2.2.3 方法原理

热酸试样的腐蚀属于电化学反应。其利用钢本身化学成分的不均匀性、物理状态的不连续性及存在各种缺陷，在腐蚀试剂作用下产生不同电极电位，形成许多微电池。微电池中电极电位较低的部位为阳极，电极电位较高的部位为阴极。阳极发生溶解，被腐蚀；阴极不发生溶解，不被腐蚀。检验室经常采用热酸腐蚀低倍检验方法来检查钢的内部质量,根据标准评定钢的内部缺陷级别,判断钢的质量优劣。

热酸腐蚀检验方法的腐蚀效果,一般比电解腐蚀和冷酸腐蚀检验方法好一些,但是热酸腐蚀检验,腐蚀液用量大,温度较高,腐蚀时间较长,酸雾对环境产生严重污染,特别是整块连铸坯或钢样尺寸较大,放入热酸槽中比较困难,应用起来有诸多不便。

2.2.4　操作方法

热酸腐蚀低倍检验方法按 GB/T 226—2015 规定(见表 2-1)进行操作,一般是使用 1∶1(容积比)工业盐酸水溶液,加热到 60~80℃,试样浸泡时间一般为 10~40min。

表 2-1　推荐使用的热酸腐蚀液成分、腐蚀时间及温度

编号	钢　　　种	侵蚀时间/min	腐蚀液成分	温度/℃
1	易切削钢	5~10	盐酸水溶液 1∶1(容积比)	70~80
2	碳素结构钢、碳素工具钢、硅钢、弹簧钢、铁素体型、马氏体型、双相不锈钢、耐热钢	5~30		
3	合金结构钢、合金工具钢、轴承钢、高速工具钢	15~30		
4	奥氏体型不锈钢、奥氏体型耐热钢	20~40		
		5~25	盐酸 10 份,硝酸 1 份,水 10 份(容积比)	70~80
5	碳素结构钢、合金钢、高速工具钢	15~25	盐酸 38 份,硫酸 12 份,水 50 份(容积比)	60~80

酸液到温后,将试样检验面朝上放入酸槽中,酸液覆盖检验面要达到 20mm 以上。应该注意检验面不能被铁夹子划伤,记好试样放入和取出顺序,或者用钢字头给试样打上编号,不许混号。

酸蚀后试样的检验面必须用碱水和热水冲刷干净,然后用软的泡沫塑料擦干或晾(烘)干。做到检验面上无水痕、锈蚀、划伤、脏物等。

注意:热酸腐蚀废液一定要加碱中和,然后再倒入下水道中,以防对环境产生污染。

2.3　电解腐蚀检验

电解腐蚀检验是低倍检验方法之一,酸的挥发性小于热酸腐蚀,对空气污染小。国内有很多生产钢材厂家,采用电解腐蚀检验方法检验钢材质量缺陷。

电解腐蚀检验的引用标准同热酸腐蚀"2.2.1引用标准"条款。电解腐蚀检验取样和试样加工同硫印检验"取样和试样加工"规定。

2.3.1 方法原理

电解腐蚀检验方法原理与热酸腐蚀一样，也是电化学反应。其与热酸腐蚀不同的是，多级微电池在外电压作用下，各部位的电极电位发生改变，试样面上电流密度也随之改变，加快腐蚀速度，达到电解腐蚀的目的。

2.3.2 操作方法

按 GB/T 226—2015 规定，电解腐蚀可分为交流和直流两种腐蚀方法。

2.3.2.1 交流电解腐蚀设备和操作

交流电解腐蚀设备主要由变压器、电压表、电流表、电极钢板和酸槽组成，如图 2-1 所示。变压器输出电压不超过 36V，电流强度小于 400A。酸槽用耐蚀的硬质塑料制成。

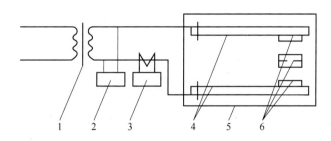

图 2-1 交流电电解腐蚀

1—交流电变压器；2—电压表；3—电流表；4—电极钢板；5—酸槽；6—试样

交流电解腐蚀操作如下：

（1）用交流电在室温下电解腐蚀。使用酸液成分为 15% ~ 30%（容积比）工业盐酸水溶液。

（2）通常使用电压小于 36V，电流强度小于 400A，电解腐蚀时间为 5 ~ 30min。

（3）试样放在两极板之间，检验面的尺寸一般长为 250mm，宽为板厚。被酸液浸没，检验面与电极板平行，检验面之间不能互相接触。

（4）获得较好的腐蚀效果后，用流水冲洗试样，刷掉腐蚀后的残留物，再用高压风吹干。

2.3.2.2 直流电解腐蚀设备和操作

直流电解腐蚀设备主要由变压器、电压表、电流表、电极钢板和酸槽组成，如图 2-2 所示。

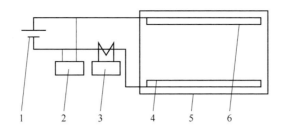

图 2-2 直流电电解腐蚀

1—直流电变压器；2—电压表；3—电流表；4—电极钢板；5—酸槽；6—试样（阳极）

直流电解腐蚀操作如下：

（1）用直流电在室温下电解腐蚀。当试样面积小于 130cm² 时，酸液为 100mL 水中加入 6~12mL 的盐酸；当试样面积大于 130cm² 时，酸液为 100mL 水中加入 6mL 的盐酸和 1g 的硼酸。

（2）试样作为阳极被酸液浸没。面积小于 130cm² 的试样，建议工作电流为 8~16A/mm²；面积大于 130cm² 的试样，建议工作电流为 48~68A/mm²。

（3）获得较好的腐蚀效果后，用 10% 的柠檬酸钠溶液和刷子对试样进行清理，最后用高压风吹干。

2.4 冷酸腐蚀检验

冷酸腐蚀低倍检验方法是在室温下对检验面进行腐蚀。这是最简便的方法，操作条件及对环境污染大大优于热酸腐蚀低倍检验方法。由于这种检验方法不需要加热设备和耐热盛酸槽，适合大型试样或大锻件的低倍检验。

2.4.1 引用标准

冷酸腐蚀低倍检验方法按《钢的低倍组织及缺陷酸蚀检验法》（GB/T 226—2015）进行腐蚀。评级标准可参考热酸腐蚀低倍检验方法引用标准。

2.4.2 取样和试样加工

除要求试样检验面粗糙度 $Ra \leqslant 0.8\mu m$ 外，取样和试样加工同硫印检验 "取样和试样加工" 规定。

2.4.3 方法原理

冷酸腐蚀低倍检验方法原理与热酸腐蚀低倍检验方法原理基本相同，都是电化学反应，只是冷酸腐蚀在室温条件下进行腐蚀，而热酸蚀腐蚀是在 70~80℃ 高温条件下进行腐蚀。

2.4.4 操作方法

冷酸腐蚀低倍检验在室温条件下按 GB/T 226—2015（见表 2-2）规定进行操作，选好侵蚀试剂或自己配制的试剂，将试样检验面朝上、放平，把侵蚀试剂浇蚀到检验面上 5～10min，肉眼观察缺陷。缺陷清晰时，用干净麻布擦掉侵蚀试剂，然后用 15% 碳酸钠水溶液或其他弱碱性溶液进行中和处理，以免残余药液引起腐蚀生锈。最后，用水冲洗、擦干或烘干。

表 2-2　推荐使用的冷酸腐蚀液成分及适用范围

编号	冷酸蚀液成分	适用范围
1 *	盐酸 500mL，硫酸 35mL，硫酸铜 150g	钢与合金
2	氯化高铁 200g，硝酸 300mL，水 100mL	
3	氯化高铁 500g，盐酸 300mL，加水至 1000mL	
4 *	10%～20%（容积比）过硫酸铵水溶液	碳素结构钢、合金钢
5	10%～40%（容积比）硝酸水溶液	
6	氯化高铁饱和水溶液加少量硝酸（每 500mL 溶液加 10mL 硝酸）	
7	100～350g 工业氯化铜铵，水 1000mL	
8	盐酸 50mL，硝酸 25mL，水 25mL	高合金钢
9 *	硫酸铜 100g，盐酸和水各 500mL	合金钢、奥氏体不锈钢
10	氯化高铁 50g，过硫酸铵 30g，硝酸 60mL，盐酸 200mL，水 50mL	精密合金、高温合金
11	盐酸 10mL，酒精 100mL，苦味酸 1g	不锈钢和高铬钢
12	盐酸 92mL，硫酸 5mL，硝酸 3mL	铁基合金
13	硫酸铜 1.5g，盐酸 40mL，无水乙醇 20mL	镍基合金

　注：1. 对于特殊产品的质量检验，采用哪种腐蚀液可根据腐蚀效果由供需双方协商确定。

　　　2. 可通过改变冷酸腐蚀剂成分的比例和腐蚀条件，获得最佳的腐蚀效果。

　　　3. 带 * 号表示，当选用 1、9 号冷酸腐蚀液时，可用第 4 号冷酸腐蚀液作为冲刷液。

对于小块试样，也可以用浸泡方法进行腐蚀。

如果擦掉侵蚀试剂发现检验面侵蚀不到位，即欠腐蚀，可以重复上面操作再进行一次，直到缺陷清晰为止。

2.5　枝晶腐蚀检验

与传统检验方法比较，枝晶腐蚀检验方法具有显示连铸坯凝固组织清晰、显示缺陷准确、检验效果大大优于传统检验方法的优点。

2.5.1　引用标准

枝晶腐蚀检验方法按《钢的低倍组织及缺陷酸蚀检验法》(GB/T 226—2015)、《连铸钢坯凝固组织低倍评定方法》(YB/T 24178—2009)、《连铸钢板坯低倍枝晶组织缺陷评级图》(YB/T 4339—2013)、《连铸钢方坯低倍枝晶组织缺陷评级图》(YB/T 4340—2013) 进行腐蚀和评定。

2.5.2　取样和试样加工

枝晶腐蚀检验取样和试样加工同硫印检验"取样和试样加工"规定,比传统检验方法增加一道抛光工序。

2.5.3　方法原理

在 GB/T 226—2015 中,热酸腐蚀、电解腐蚀、冷酸腐蚀和枝晶腐蚀四种检验方法原理大致相同,都是电化学反应。腐蚀试剂 (电解质) 与试样检验面接触,产生大量微电池,对检验面进行选择性腐蚀,显示铸坯的凝固组织状态和缺陷分布。

枝晶腐蚀低倍检验方法也是酸蚀法,依靠药液腐蚀来显示试样表面的不均匀性。在电解质溶液中,金属表面不同区域有着不同的电极电位,形成大量的微电池,电位较低的地区为阳极发生溶解,电位较高的地区为阴极发生沉淀。金属(或合金)的晶界电位通常比晶粒内部要低,为微电池的阳极,所以腐蚀首先从晶界开始。金属和合金凝固时产生的偏析也是引起电化学不均匀性的原因,因此枝晶腐蚀低倍检验方法可以显示偏析缺陷的存在。经抛光的金属表面在电解质溶液中溶解时,发生复杂的多极微电池腐蚀过程。这种腐蚀方法可以显示金属中晶粒内部和晶界之间的差异。对连铸坯来说,可以显示树枝晶晶轴与枝晶间、等轴晶粒与晶界及铸坯缺陷与基体之间的差别。

2.5.4　操作方法

枝晶腐蚀低倍检验是在室温条件下按 GB/T 226—2015 (见表 2-3),选好侵蚀试剂或自己配制的试剂,迅速、均匀地浇洒在试样检验面上,进行检验面腐蚀,观察直到树枝晶和缺陷清晰时为止。腐蚀时间一般为 0.5~3min。对于大块试样一般用浇蚀(浇蚀腐蚀均匀)或擦蚀,而小块试样用浇蚀、擦蚀和浸泡均可。

当检验面上的树枝晶清晰时,立刻用清水冲洗 (1~2min),然后用脱脂棉或干净麻布擦拭,擦掉检验面上的残余腐蚀试剂和染色 (沉淀)。当染色严重时,可用稀 (10%~20%) 氨水溶液擦拭。水冲洗干净后,用高压风或高效吹风机直接吹干。如果检验面上有缺陷，如裂纹、气泡、夹杂等，特别是有缩孔缺陷时，一定要把缺陷中的水或残余腐蚀试剂擦干，以防溢出污染检验面。

表 2-3　推荐使用的枝晶腐蚀液成分及其适用范围

编号	常用枝晶腐蚀液成分*	适 用 范 围
1	氧化铜 20~30g，苦味酸 0.1~0.3g，盐酸 20~40mL，无水乙醇 40~50mL，水 80~100mL	碳素钢、合金钢、硅钢
2	氯化铜 5~20g，氯化镁 3~5g，氯化铁 10~30g，盐酸 20mL，无水乙醇 1250mL，水 750mL	碳素钢、低合金钢、铸钢
3	苦味酸 3~4g，氯化铜 1~2g，洗涤剂 2~5mL，水 400mL	高碳钢

注：1. 腐蚀时间为 1~2min。

　　2. 对于特殊成分钢种，可通过调整枝晶腐蚀试剂成分的比例和腐蚀条件，获得最佳的腐蚀效果。

　　3. 带 * 号表示腐蚀后，如果腐蚀表面出现铜沉积，可用稀氨水溶液擦拭除掉。

2.5.5　最佳腐蚀时间试验

枝晶腐蚀检验属于低倍（宏观）检验，与金相（高倍）检验类似，都是用腐蚀试剂对试样进行腐蚀，记录试样上的缺陷种类和组织形貌。腐蚀试剂种类、腐蚀剂酸的浓度、腐蚀温度和腐蚀时间对腐蚀效果都有影响。被腐蚀试样的钢种、生产条件和光洁度不同，腐蚀效果不一样。腐蚀效果是试样上的缺陷清楚，组织清晰为效果良好。当然，对某种试样没选择到对口试剂，也腐蚀不出来良好的效果。

枝晶腐蚀低倍检验方法中是腐蚀时间最短的方法 1~3min，对某个试样的具体做法是：

（1）腐蚀 0.5min（甚至 10s），冲洗，擦拭，烘干和记录。

（2）再腐蚀 0.5min（总腐蚀时间 1min），冲洗，擦拭，烘干和记录。

（3）再腐蚀 0.5min（总腐蚀时间 1.5min），冲洗，擦拭，烘干和记录。

（4）一直做到 4~5min，根据记录结果找到最佳腐蚀时间。

要注意欠腐蚀和过腐蚀：

欠腐蚀是指经过腐蚀的检验面树枝晶不太清楚，只能看到树枝晶的雏形，没有浮雕感。欠腐蚀是因为腐蚀时间不够。

过腐蚀是树晶晶轴被腐蚀断了，特别是树枝晶的二次、三次和多次晶较容易被腐蚀、溶断。过腐蚀破坏了树枝晶的本来面貌，过腐蚀的树枝晶有时被误认为是等轴晶。过腐蚀产生原因与欠腐蚀相反，是因为腐蚀时间长。

发生欠腐蚀可以再腐蚀，获得好的腐蚀效果。若发生过腐蚀，可以重新抛光，然后再腐蚀。如果过腐蚀严重，要重新磨光、抛光和再腐蚀。

2.6　低倍检验方法对比

在钢的质量检验中，低倍检验方法简单、成本低廉、应用直接，往往是检验和科研工作首先要做的检验项目。低倍检验具有视域大、检验范围宽的优点，能够全面提供铸坯和较大断面钢材的凝固组织和缺陷的信息，在产品验收、产品研发、工艺调整和工艺质量控制方面被冶金厂广泛应用。

2.6.1　五种低倍检验方法对比

五种低倍检验方法根据原理分两种类型，一是硫印检验，二是酸蚀检验。硫印检验是通过硫化银沉淀在相纸上的印迹，显示试样硫偏析和缺陷的分布及严重程度；而酸蚀检验是电化学反应，通过微电池电极电位不同，显示试样凝固组织和缺陷的分布以及缺陷的严重程度。

五种低倍检验方法使用条件分包括酸的浓度、腐蚀温度、试样加工、检验面粗糙度、侵蚀时间、对环境污染。五种低倍检验方法条件不同，获得的腐蚀效果也不同，见表 2-4，其中枝晶腐蚀效果最好。

表 2-4　五种低倍检验方法使用条件对比表

条　件	硫印检验	热酸腐蚀	电解腐蚀	冷酸腐蚀	枝晶腐蚀
酸的浓度 （容积比）	5%～15%硫酸水溶液	50%盐酸水溶液	15%～30%盐酸水溶液	见 GB/T 226—2015 标准中的表 2[①]	小于4%酸的浓度水溶液
腐蚀温度/℃	室温	60～80	中温	室温	室温
试样加工	铣、磨	铣、磨	铣、磨	铣、磨	铣、磨、抛
检验面粗糙度 $Ra/\mu m$	≤1.6	≤1.6	≤1.6	≤0.8	0.025～0.1 镜面光洁度
侵蚀时间/min	5～10	20～40	10～30	5～10	1～3
环境污染	中度污染	严重污染	较严重污染	较严重污染	无污染
腐蚀效果	低硫钢[②]效果不良，高硫钢效果良好	低、高碳钢效果不良，中碳钢[③]效果良好	低、高碳钢效果不良，中碳钢效果一般	低、高碳钢效果不良，中碳钢效果良好	低、中、高碳钢效果都良好

① GB/T 226—2015 中表 2 提供 13 种冷酸腐蚀试剂，各种试剂酸的浓度都很高；

② $w[S]\leqslant 0.005\%$ 为低硫钢，硫印检验的硫印片是"白片"；

③ 本书定义 $w[C]\leqslant 0.08\%$ 为低碳钢，$w[C]=0.08\%～0.45\%$ 为中碳钢，$w[C]\geqslant 0.45\%$ 为高碳钢。

（1）枝晶腐蚀特点。

枝晶腐蚀低倍检验方法是继传统方法硫印检验、热酸腐蚀、电解腐蚀和冷酸腐蚀之后研发的新技术，通过与前四种传统检验方法对比，不断显示其优越性。

本方法不但能够清晰地显示连铸钢坯的凝固组织，而且还可以准确地显示连铸钢坯的内部缺陷，这是本技术的两个创新和突破。

本技术具有准确性、易操作性及对环境不产生污染等特点。

（2）枝晶腐蚀三要素。

1）试样检验面粗糙度低（光洁度高），$Ra = 0.025 \sim 0.1\,\mu m$；

2）试样检验面腐蚀试剂酸的浓度不大于4%（容积比）；

3）试样检验面腐蚀时间短 $1 \sim 3\,min$。

试样表面粗糙度低（光洁度高）是枝晶腐蚀获得清晰地效果的基础，腐蚀试剂酸的浓度低和腐蚀时间短是枝晶腐蚀获得清晰地效果的条件，三者缺一不可。

特别需要指出的是对于低碳钢（≤0.08% C），可以清晰地显示偏析、裂纹、气泡和夹杂等缺陷，而电解腐蚀和冷酸腐蚀掩盖这些缺陷。

2.6.2 五种低倍检验方法的应用

检验连铸坯，首先要对试样进行腐蚀，然后根据腐蚀结果，对试样的组织缺陷进行评级，因此，低倍检验方法标准分两类，一类是腐蚀标准，二类是组织缺陷评级标准。

2.6.2.1 硫印检验方法

（1）检验方法腐蚀标准。按《钢的硫印检验方法》（GB/T 4236—2016）规定进行硫印检验。

（2）组织缺陷评级标准。按《连铸钢板坯低倍组织缺陷评级图》（YB/T 4003—2016）中附录B"连铸钢板坯硫印低倍组织缺陷评级图"进行缺陷评级。

目前，我国只有板坯有硫印评级图标准，而方（或矩形）、圆坯无硫印评级图标准。

2.6.2.2 热酸腐蚀、电解腐蚀和冷酸腐蚀方法

（1）腐蚀方法标准。在《钢的低倍组织及缺陷酸蚀检验法》（GB/T 226—2015）中：

1）热酸腐蚀根据标准中表1配方和条件进行腐蚀；

2）电解腐蚀按标准中4.4节规定进行腐蚀；

3）冷酸腐蚀按标准中表2配方进行腐蚀，不同钢种可以调整配方成分和有关条件，以获得最佳腐蚀效果。

（2）缺陷评级标准。

1）板坯：按YB/T 4003—2016中附录A"连铸钢板坯酸蚀低倍组织缺陷评级图"进行缺陷评级；

2）方坯：按《连铸钢方坯低倍组织缺陷评级图》（YB/T 4002—2013）对方（或矩形）、圆坯缺陷进行评级；或按《优质碳素结构钢和合金结构钢连铸方坯低倍组织缺陷评级图》（YB/T 153—1999）对方（或矩形）、圆坯缺陷进行评级。

2.6.2.3　枝晶腐蚀方法

（1）腐蚀方法标准。按 GB/T 226—2015 中表 3 配方进行腐蚀，不同钢种可以调整配方成分和有关条件，以获得最佳腐蚀效果。

（2）缺陷评级标准。

1）板坯：按《连铸钢板坯低倍枝晶组织缺陷评级图》（YB/T 4339—2013）中附录 A 进行板坯缺陷评级，并参照附录 B 评定细则进行；

2）方坯：按《连铸钢方坯低倍枝晶组织缺陷评级图》（YB/T 4340—2013）中附录 A 进行方（或矩形）、圆坯缺陷评级，并参照附录 B 评定细则进行。

2.7　其他检验方法

连铸坯和钢材的质量检验方法，除了上述硫印检验、热酸腐蚀、电解腐蚀、冷酸腐蚀和枝晶腐蚀几种宏观（低倍）检验方法之外，还可以应用微观检验方法和断口检验方法进行检验。

2.7.1　微观检验方法

微观检验方法是指应用金相检验、电子探针分析、扫描电镜观察及能谱分析的检验方法。宏观检验方法是肉眼或用 10 倍以下放大镜来观察和检验，属于低倍（<10 倍）检验，而微观检验方法是用光学、电子光学方法对缺陷进行放大观察和检验，属于高倍（≥10 倍，到百倍、千倍、万倍）检验。

宏观检验方法操作简单、投资少、见效快。宏观检验试样尺寸大，能够找到缺陷在铸坯或钢材上的位置，检查缺陷全貌，确定缺陷的来源，是进行缺陷分析工作的第一步。而微观检验方法是对宏观检验方法的进一步深化，能够进行局部放大观察，观察宏观看不清楚的缺陷细节，可以探讨缺陷的属性，进一步确定缺陷的产生原因。因此，宏观检验方法和微观检验方法是密不可分的两种手段，互相匹配，相辅相成，二者不可偏废。

2.7.2　断口检验方法

断口检验是通过金属断裂面的特征，研究金属断裂原因和影响因素。其也是连铸坯和钢材常用的一种检验方法。按照观察的尺寸范围，断口检验方法可分宏观断口学和微观断口学两种。

由于断口真实地记录了材料断裂过程，因此宏观断口学不需要任何特殊的仪器，只须用肉眼（或放大镜）观察断口的宏观变形的形貌、条纹分布、粗糙度和颜色等特征，判断材料断裂方向、断裂性质和断裂原因。

微观断口学是利用光学显微镜、扫描电镜和透射电镜来研究断口的微观特征、形成机理及影响因素等。它和宏观断口学研究结果互相补充及佐证，使人们能对断裂的全部过程有更深入和正确的了解。

按断口的断裂性质，断裂一般可分脆性断裂、韧性断裂和疲劳断裂三种。脆性断裂宏观断口呈结晶状，有金属光泽，无塑性变形，微观断口呈解理断裂。韧性断裂宏观断口呈纤维状，无金属光泽，有明显塑性变形，微观断口多半为韧窝状。疲劳断裂断口是在低的交变应力作用下形成的断口，一般会经历裂纹的萌生、扩展直至断裂三个阶段，其特征一般有贝纹线花纹。

另外，化学成分分析和力学性能试验，对研究铸坯或钢材缺陷也很有用处，不多赘述。

参 考 文 献

[1] 韩荣东. 硫印试验影响因素及定量分析的探索 [N]. 世界金属导报，2014，(16).

[2] 许庆太，李吉东，孙中强. 枝晶腐蚀低倍检验在连铸生产中的应用 [J]. 物理测试，2011，29 (06)：22~27.

[3] 鞍钢股份有限公司等. GB/T 226—2015 钢的低倍组织及缺陷酸蚀检验法 [S]. 北京：中国标准出版社，2015.

3　连铸钢坯凝固组织的检验

连铸是通过结晶器、二冷区和空冷区将热量传出，把液态钢水凝固成固体的工艺过程。在这个过程中，液态钢水冷却、凝固、结晶形成具有一定形貌特征的固态组织，人们称这种固态组织为连铸坯的凝固组织。连铸坯凝固组织与连铸坯断面尺寸、化学成分、浇注条件和铸机机型有关。连铸机按外形可分为立式、立弯式、弧形、椭圆形和水平形连铸机五种类型。立式和立弯式连铸机内、外弧的凝固组织是对称的，但是对于弧形和椭圆形连铸机来说，连铸坯是沿着圆弧形轨道在倾斜的条件下凝固，对于水平形连铸机来说，连铸坯的凝固是在重力作用条件下进行的，因此后三种机型连铸坯的凝固组织呈非对称性分布，一般都是内弧侧柱状晶长，外弧侧柱状晶短。

连铸坯凝固组织具体说就是指细小等轴晶、柱状晶、交叉树枝晶和等轴晶（也包括柱状晶偏斜角度和二次晶间距的测量），如图 3-1 ~ 图 3-3 所示。

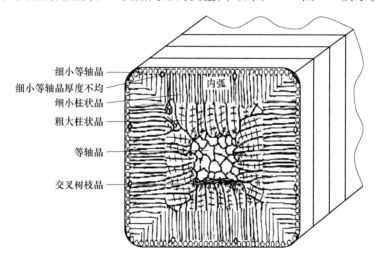

图 3-1　连铸方坯（包括矩形坯）凝固组织（横向断面）

图 3-1 ~ 图 3-3 按下列标准腐蚀和评定：

（1）腐蚀标准：按《钢的低倍组织及缺陷酸蚀检验法》（GB/T 226—2015）进行腐蚀。

（2）评定标准：按《连铸钢坯凝固组织低倍评定方法》（GB/T 24178—2009）评定各种凝固组织占检验面的百分数。

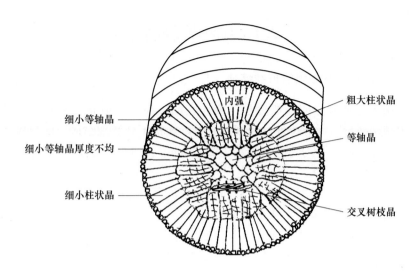

图 3-2   连铸圆形坯凝固组织（横向断面）

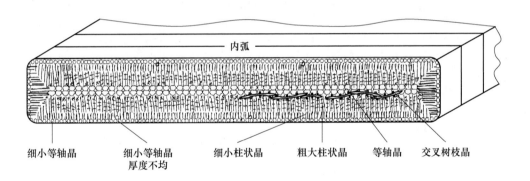

图 3-3   连铸板坯凝固组织（横向断面）

　　检验连铸坯凝固组织的目的和意义：

　　（1）连铸坯凝固组织与钢材力学性能有关。例如，对于大方（或矩形）坯和厚板坯来说，等轴晶率高，钢材各向同性效应好，而柱状晶发达，钢材产生各向异性。细小等轴晶层过薄或厚度不均匀，铸坯容易产生表面纵向裂纹。

　　（2）连铸坯凝固组织与连铸坯及钢材缺陷有关。连铸坯凝固组织与凝固条件有关。连铸坯凝固条件不容易被测定，可以通过枝晶腐蚀检验连铸坯的凝固组织来判断凝固条件，然后调整、改变凝固条件以得到良好的凝固组织，减少连铸坯和钢材的缺陷。

　　研发枝晶腐蚀低倍检验方法的主要目的就是清晰地显示连铸坯的凝固组织，判断和改善凝固条件，获得理想的凝固组织，减少连铸坯缺陷。

3.1 细小等轴晶

3.1.1 细小等轴晶凝固组织形貌特征

铸坯细小等轴晶也叫作激冷层，或坯壳晶。细小等轴晶组织分布在铸坯表面，组织结构致密，无方位性，目视（1 倍）观察不到微细结构，颜色较浅。细小等轴晶厚度往往是不均匀的，多数为 2～8mm。细小等轴晶的成分与钢水成分相当。

细小等轴晶带面积占试样整个检验面面积的百分数叫作细小等轴晶率。

铸坯细小等轴晶如图 3-4 和图 3-5 所示。图 3-4 的钢种为 16Mn；规格为 300mm×1650mm 板坯。图 3-4(a) 下缘是连铸坯表面。图 3-5 的钢种为 20MnSi；规格为 120mm×120mm 方坯。图 3-5 下缘和左右侧是连铸坯表面。

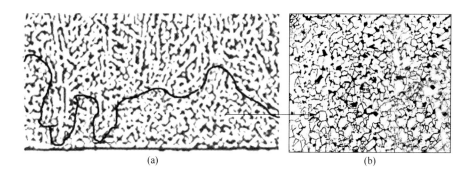

(a)   (b)

图 3-4　细小等轴晶坯壳凝固组织（横向断面）
（a）细小等轴晶凝固组织（3×）；（b）4% 硝酸酒精腐蚀（金相组织）(100×)

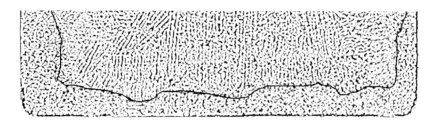

图 3-5　细小等轴晶坯壳凝固组织（横向断面，1×）

3.1.2 细小等轴晶厚度不均匀性

铸坯细小等轴晶的厚度往往是不均匀的，厚度差别很大，如图 3-6～图 3-9

所示。图 3-6 的钢种为 16Mn；规格为 300mm×1650mm 板坯。图 3-6 下缘是铸坯表面。图 3-7 的钢种为中碳钢（0.20%C、0.60%Mn）；规格为 300mm×1650mm 板坯。图 3-7 的下缘是铸坯表面。图 3-8 钢种为 20 钢；规格为 380mm×280mm 矩形坯。图 3-8 的下缘是铸坯表面。图 3-9 的钢种为中碳钢（0.20%C、0.67%Mn）；规格为 300mm×1650mm 板坯。图 3-9 的下缘是铸坯表面。

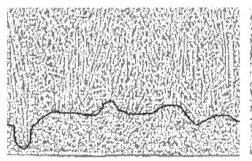

图 3-6 细小等轴晶（横向断面，2×）

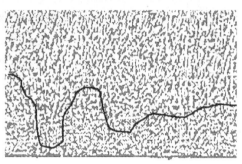

图 3-7 细小等轴晶（横向断面，2×）

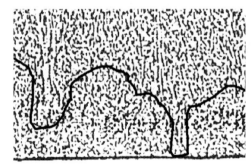

图 3-8 细小等轴晶（横向断面，2×）

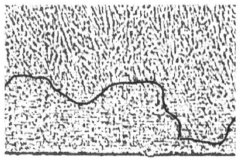

图 3-9 细小等轴晶（横向断面，2×）

3.1.3 细小等轴晶凝固组织的形成

注入结晶器内的钢液，在结晶器上部弯月面附近，钢水与结晶器内表面铜壁紧密接触，结晶器内壁有强烈吸热和散热作用，靠结晶器内壁的一层钢水，受到激冷，具有极大的过冷度，因此生成大量晶核，此时形核速率大于核长大速率，致使临近的晶核很快彼此相遇，不能长大，从而形成细小等轴晶带。如图 3-6～图 3-9 所示，枝晶凝固组织图的下缘与黑色画线之间是细小等轴晶带，黑色线上面是细小柱状晶带。

细小等轴晶带的厚度主要取决于钢水过热度，过热度高，细小等轴晶带薄，反之则厚。结晶器冷却强度及拉速对细小等轴晶厚度也有一定影响。

3.2　柱　状　晶

3.2.1　柱状晶凝固组织形貌特征

钢水注入水冷结晶器时，周边就形成一个激冷晶层，接着激冷晶层的就是柱状晶组织。但是，当提高显微镜的倍数来观察柱状晶显微组织时，就会发现这种柱状晶实际上是大体沿同一个方向伸展的网状树枝晶的集合组织[1]。柱状晶是由一次晶、二次晶、三次晶和多次树枝晶组成的，树枝晶大体上沿同一方向伸展的集合组织，低倍（1 倍）观察犹如柱子特征，因此叫作柱状晶。柱状晶分布在表层细小等轴晶和等轴晶（中心等轴晶）之间。

在横向（或纵向）断面低倍检验试片上可以观察到，靠近细小等轴晶带（激冷层）的柱状晶很细，基本上不长侧枝，液相穴若无钢液流动，也不产生偏斜。随后，柱状晶的数量由多变少，由只有二次枝晶发展到具有高次枝晶，即柱状晶由细变粗，断面由简单变复杂。

柱状晶带面积占试样整个检验面面积的百分数叫作柱状晶率。

铸坯柱状晶带如图 3-10 ~ 图 3-13 所示。图 3-10 的钢种为 16Mn；规格为 150mm×1200mm 板坯。图 3-11 的钢种为 Q235B；规格为 380mm×280mm 矩形坯。图 3-12 的钢种为 DOC1（0.03% C、0.01% Si、0.26% Mn、0.013% P、0.001% S、0.02% Cr、0.021% Als）；规格为 170mm×1020mm 板坯。图 3-13 的钢种为 SPHC（0.056% C、0.014% Si、0.022% Mn、0.009% P、0.003% S、0.012% Cr、0.043% Als）；规格为 170mm×1020mm 板坯；中包温度为 1561℃；拉速为 1.6m/min。

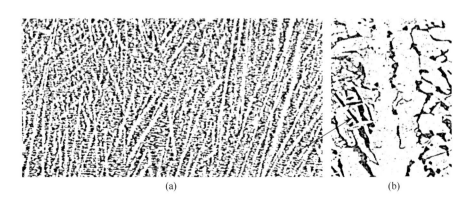

(a)　　　　　　　　　　　　　　　　(b)

图 3-10　柱状晶带（横向断面）

(a) 柱状晶凝固组织（4×）；(b) 4% 硝酸酒精腐蚀（金相组织，100×）

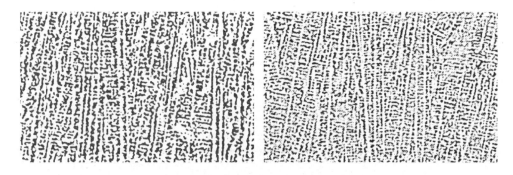

图 3-11 柱状晶带（横向断面，2×）

图 3-12 柱状晶带（横向断面，1×）

（说明：柱状晶"搭头"（穿晶））

3.2.2 柱状晶凝固组织的形成

柱状晶的形成主要是当连铸坯出结晶器进入二次冷却区时，连铸坯表面受到水或气水强烈冷却，造成表面与液芯部分有较大的温度梯度，形成垂直连铸坯表面的单向传热。此时最大的晶体生长方向是平行热流方向，此方向晶体抑制了相邻的晶体的生长而优先长大，其他方向晶体的生长则被淘汰，形成了垂直铸坯表面的柱状晶带。

在铸坯断面低倍检验试片上可以观察到，靠近细小等轴晶带（激冷层）的柱状晶很细，不长侧枝，也不偏斜，这是由于其靠近激冷层温度梯度较大的缘故。随后，温度梯度降低，柱状晶的数量由多变少，由只有一次晶发展到具有二次晶、三次晶和高次枝晶，即柱状晶由细变粗，断面由简单变复杂，由细小柱状晶发展成为粗大柱状晶。

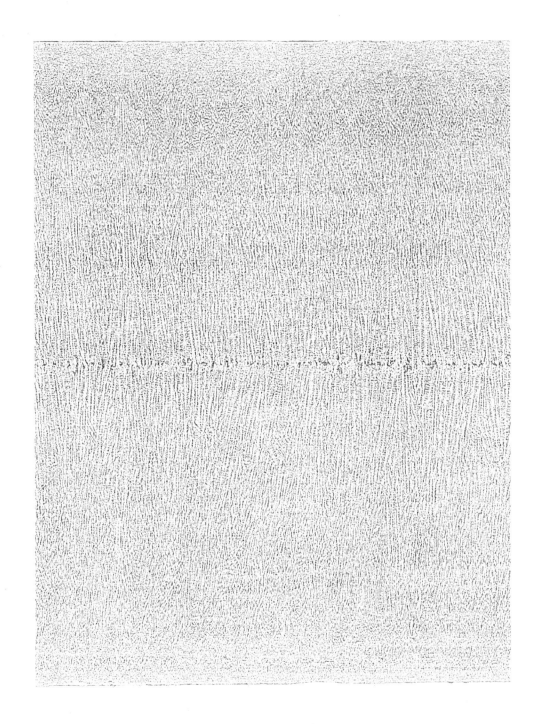

图 3-13 柱状晶带（横向断面，1×）

在结晶器中、下部，凝固的坯壳收缩与结晶器内壁脱离而产生空气隙，造成热阻增大，传热减慢，热流沿垂直结晶器壁方向流动，此时细小柱状晶开始生长。可见，细小等轴晶是在结晶器上部形成的，而细小柱状晶是在结晶器中、下部形成的，粗大柱状晶是在二冷区形成的。为了防止连铸坯出结晶器下口产生坯壳变形和拉漏，各种规格连铸坯在结晶器下口坯壳要达到一定厚度，一般小方坯在结晶器出口处坯壳厚度应大于 8~10mm，厚板坯和大方坯厚度应在 15~25mm 以上。

3.3 等 轴 晶

3.3.1 等轴晶凝固组织形貌特征

等轴晶（中心等轴晶）在连铸坯中心部位，呈现圆形、椭圆形、多边形，也有短条形晶粒，无方位性。

对于弧形连铸机的大方坯和厚板坯来说，正常情况下是外弧侧等轴晶带较内弧侧厚些，有时也有内、外弧侧等轴晶厚度差不多的情况。

等轴晶带面积占试样整个检验面面积的百分数叫作等轴晶率。

铸坯中心区域是等轴晶区，如图3-14~图3-18所示。图3-14的钢种为中碳钢（0.23% C、1.05% Mn）；规格为300mm×1650mm板坯。图3-15的钢种为中碳钢（0.16% C、0.44% Mn）；规格为380mm×280mm矩形坯。图3-16的钢种为中碳钢（0.19% C、0.26% Si、0.55% Mn、0.014P%、0.008% S）；规格为300mm×1650mm板坯。图3-17的钢种为20钢（0.19% C、0.23% Si、0.47% Mn、0.015% P、0.011% S）；规格为300mm×1650mm板坯。图3-18的钢种为A板（0.14% C、0.20% Si、0.88% Mn、0.018% P、0.005% S）；规格为230mm×1690mm板坯。说明：等轴晶分布在二冷电磁搅拌S-EMS白亮带之间。

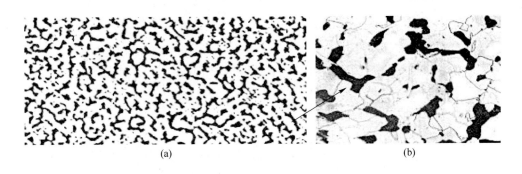

(a)　　　　　　　　　　　　　　　(b)

图3-14　等轴晶带（横向断面）

（a）等轴晶凝固组织（3×）；（b）4%硝酸酒精腐蚀（金相组织，50×）

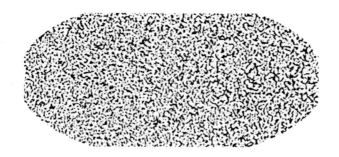

图 3-15　等轴晶带①（横向断面，2×）

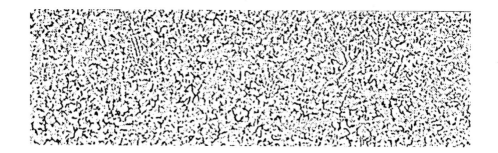

图 3-16　等轴晶带②（横向断面，2×）

图 3-17　等轴晶带①（横向断面，1×）

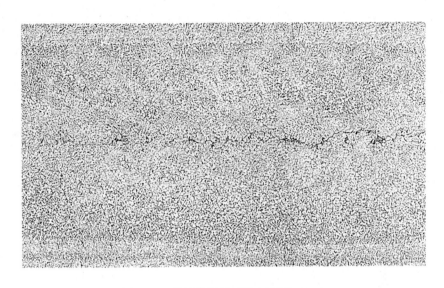

图 3-18 等轴晶带②（横向断面，1×）

3.3.2 等轴晶下沉和对称分布

铸坯等轴晶下沉，可能是由于在二冷凝固过程中，等轴晶随电磁搅拌产生钢液流动，以及重力作用导致。其增加了铸坯凝固组织的不均匀性，是铸坯不正常的凝固组织。但是这种现象在铸坯凝固过程中时有发生，如图 3-19～图 3-22 所示。图 3-19 的钢种为 A 板（0.13% C、0.18% Si、0.83% Mn、0.013% P、0.010% S、0.035% Als）；规格为 230mm×1650mm 板坯；浇注温度为 1544℃；拉坯速度为 1.35m/min。图 3-20 的钢种为 S235JR（0.15% C、0.22% Si、0.94% Mn、0.017% P、0.008% S）；规格为 230mm×1650mm 板坯；浇注温度为 1535℃；拉坯速度为 1.35m/min。图 3-21 的钢种为 SAE1008-4（0.04% C、0.30% Si、0.34% Mn、0.019% P、0.011% S、0.032% Als）；规格为 380mm×280mm 矩形坯；浇注温度为 1569℃；拉坯速度为 0.9m/min。图 3-22 的钢种为 KF18-2（0.16% C、0.04% Si、0.44% Mn、0.015% P、0.011% S、0.026% Als）；规格为 380mm×280mm 矩形坯。

铸坯正常的凝固组织应该是等轴晶对称分布，如图 3-23 和图 3-24 所示。图 3-23 的钢种为 AH32H（0.09% C、0.32% Si、1.46% Mn、0.014% P、0.009% S）；规格为 230mm×1950mm 板坯；浇注温度为 1541℃；拉坯速度为 1.10m/min。图 3-24 的钢种为 A 板（0.13% C、0.21% Si、0.84% Mn、0.013% P、0.008% S、0.022% Als）；规格为 230mm×1950mm 板坯；浇注温度为 1539℃；拉坯速度为 1.10m/min。

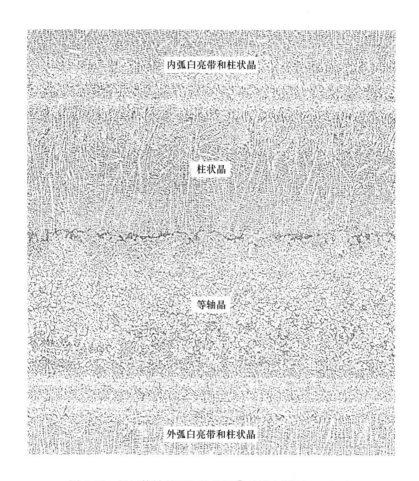

图 3-19   板坯等轴晶下沉枝晶图①（横向断面，1.2×）

3.3.3   等轴晶凝固组织的形成

随着柱状晶的生长，铸坯凝壳厚度不断增加，传热速度下降，凝固层和凝固前沿的温度梯度逐渐减小，因此柱状晶发展变慢，最后柱状晶停止向内生长，凝固前沿附近的钢水结晶接近停滞状态。此时，由于液相穴钢水流动，部分游离晶核和熔断的树枝晶被带到未凝固钢水中，促使钢水温度进一步下降，并成为钢水中的结晶核心，结晶核心不断长大而形成中心等轴晶带。

由于中心等轴晶带几乎是同时凝固的，每个晶粒在各个方向长大速度接近一致，有充分长大条件和时间，因此，中心等轴晶的晶粒比连铸坯表面的细小等轴晶晶粒粗大得多。

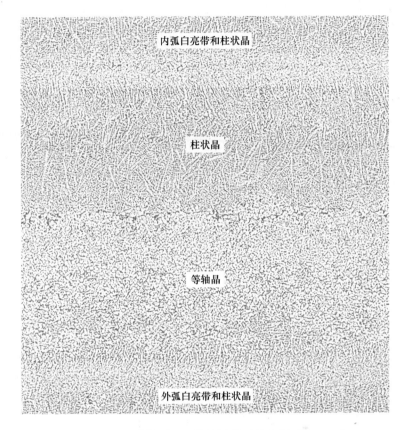

图 3-20 板坯等轴晶下沉枝晶图②（横向断面，1.2×）

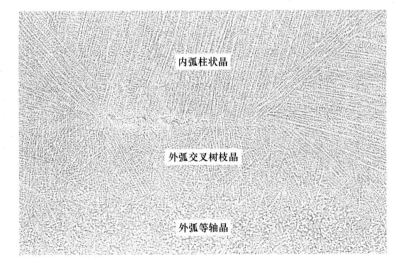

图 3-21 矩形坯等轴晶下沉枝晶图①（横向断面，1.2×）

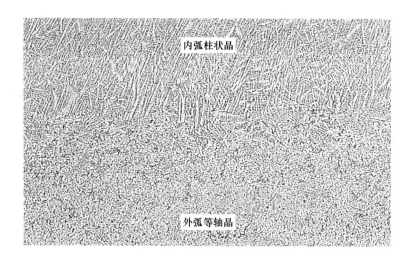

图 3-22　矩形坯等轴晶下沉枝晶图②（横向断面，1.2×）

图 3-23　等轴晶对称分布枝晶图①（横向断面，1.2×）

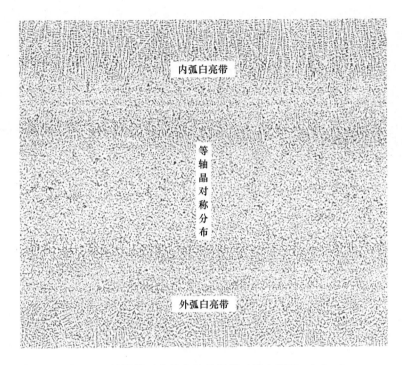

图 3-24 等轴晶对称分布枝晶图②（横向断面，1.2×）

3.4 交叉树枝晶

3.4.1 交叉树枝晶凝固组织形貌特征

交叉树枝晶如图 3-25～图 3-29 所示，晶轴彼此交叉和镶嵌，改变了柱状晶晶轴彼此平行的状态，交叉树枝晶与等轴晶作用相同，能增加铸坯性能的均匀性，减少铸坯或钢材各向异性效应，因此，《连铸钢坯凝固组织低倍评定方法》（GB/T 24178—2009）规定晶轴彼此镶嵌的交叉树枝晶按等轴晶评定。图 3-25 的钢种为 Q235B；规格为 230mm×1650mm 板坯。图 3-26 的钢种为 20 钢；规格为 380mm×280mm 矩形坯。图 3-27 的钢种为 Q235B；规格为 230mm×1650mm 板坯。图 3-28 的钢种为高碳钢（0.72% C、1.4% Mn）；规格为 380mm×280mm 矩形坯。图 3-29 的钢种为中碳钢（0.20% C、0.60% Mn）；规格为 230mm×2000mm 板坯。

板坯柱状晶、等轴晶和交叉树枝晶凝固组织分布如图 3-30 所示。图中钢种为 A 板钢（0.13% C、0.18% Si、0.80% Mn、0.013% P、0.013% S、0.01% Cr、0.01% Mo、0.031% Als）；规格为 230mm×1950mm 板坯。

(a)　　　　　　　　　　　　　　　(b)

图 3-25　交叉树枝晶带（横向断面）

（a）交叉树枝晶凝固组织（3×）；（b）4%硝酸酒精腐蚀（金相组织，50×）

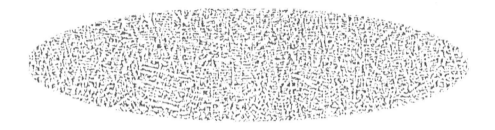

图 3-26　交叉树枝晶带①（横向断面，2×）

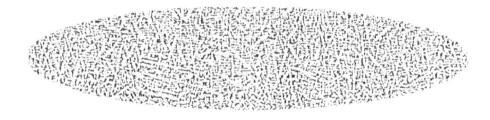

图 3-27　交叉树枝晶带②（横向断面，2×）

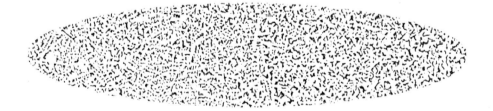

图 3-28　交叉树枝晶带③（横向断面，2×）

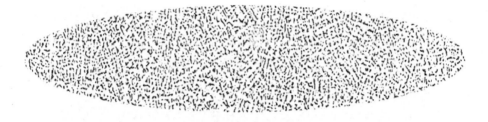

图 3-29 交叉树枝晶带④（横向断面，2×）

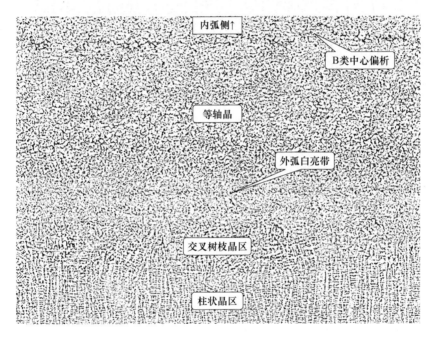

图 3-30 板坯等轴晶、交叉树枝晶和柱状晶分布（横向断面，1.5×）

方坯柱状晶、交叉树枝晶和等轴晶凝固组织分布如图 3-31 所示。图中钢种为 SAE1002；规格为 380mm×280mm 矩形坯；浇注温度为 1568℃；拉坯速度为 0.95m/min。

3.4.2 交叉树枝晶凝固组织的形成

检验者分析认为，随着凝固壳逐渐加厚，传热速度减慢，热流垂直结晶器壁效果减弱，柱状晶生长改变方向，加上熔断树枝晶沉降，构成交叉树枝晶组织。交叉树枝晶是柱状晶和等轴晶间的过渡层，在厚板坯、大方坯和较高合金含量的连铸钢坯中经常出现，对于薄板坯、小方坯，因为冷却速度快，等轴晶和交叉树枝晶出现机会较少。

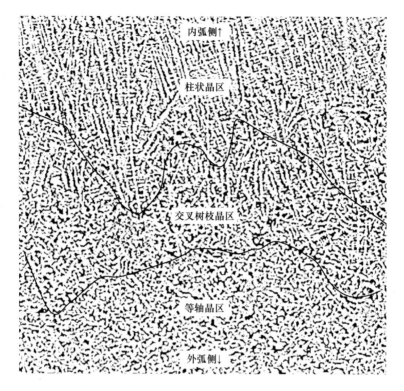

图 3-31　方坯柱状晶、交叉树枝晶和等轴晶凝固
组织图像（横向断面，2×）

　　连铸坯表面层是细小等轴晶层，中心是等轴晶层，二者之间是柱状晶层。如
果有交叉树枝晶，一般交叉树枝晶都存在柱状晶和等轴晶之间。

　　综上所述，对于弧形连铸机生产的大方坯或厚板坯来说，即使内、外弧侧
冷却强度相同，连铸坯也是内弧侧柱状晶长、外弧侧柱状晶短，内弧侧等轴晶
薄、外弧侧等轴晶厚，内弧侧交叉树枝晶薄、外弧侧交叉树枝晶厚。产生这种
现象的原因是因为在重力作用下，部分游离晶核或被熔断的树枝晶沉积到外弧
侧，阻碍外弧侧柱状晶生长，导致外弧侧柱状晶短、等轴晶厚。熔断的树枝晶
沉积到外弧侧，其本身就是交叉树枝晶，因此，外弧侧交叉树枝晶层也厚。

3.5　板坯三角区中的凝固组织

　　在连铸板坯横向断面上，沿结晶器壁首先生长的是细小等轴晶，接着是柱状
晶向内生长，当两个宽面和一个窄面柱状晶搭头时，其交界线（两条）与窄面
边楞线将窄面柱状晶区围成一个三角形区域，即凝固边界汇聚的"三相点"围
成的区域，在此区域内产生的裂纹称三角区裂纹，如图 3-32 和图 3-33 所示。

图 3-32 铸坯三角区附近的凝固组织①（横向断面，1×）

图 3-32 的钢种为 DX51D + Z（0.058% C、0.02% Si、0.188% Mn、0.011% P、0.003% S、0.042% Als）；规格为 170mm × 1260mm 板坯；中包温度为 1544℃；拉坯速度为 1.8m/min。图 3-33 的钢种为 SPHC（0.0629% C、0.0229% Si、0.2117% Mn、0.0073% P、0.0041% S、0.0122% Cr、0.00549% Ni、0.00389% N、0.0109% Cu、0.0489% Als）；规格为 135mm × 1030mm 板坯。

图 3-33 铸坯三角区附近的凝固组织②（横向断面，1×）

3.6 树枝晶偏斜

连铸坯凝固过程中，液相穴内的钢液流动，使柱状晶生长方向发生倾斜，流速越大，倾斜越大。这种现象是由于溶质浓缩，在晶体的长大表面存在一个妨碍凝固继续发展的界面层造成的。在液态金属流的作用下，受液流冲洗的部分就是迎着液态金属流动的部分，界面层遭到破坏，结晶得到优先发展，造成柱状晶向着液流的方向发生偏转。偏斜角度受凝固速度和钢流流动速度的影响[2]。

图 3-34 的钢种为中碳钢 （0.15% C、1.34% Mn）；规格为 230mm × 1650mm 板坯；浇注温度为 1542℃；拉坯速度为 0.79m/min。从图 3-34(a) 可以看到，按不同位置取 3 个试样，分别为边部试样 （1 号）、宽度 1/4 试样 （2 号） 和宽度 1/2 试样 （3 号） 中心位置。图 3-34(a) 中"试样上面"与图 3-34(b) 中 3 个试样左侧相对应，是板坯内弧侧表面；图 3-34(a) 中"试样下面"与图 3-34(b) 中 3 个试样右侧相对应，是铸坯内弧侧由表面向基体内部延伸部分。

从图 3-34 （b） 可以看到，1 号和 2 号试样的柱状晶与垂直连铸坯表面方向发生 20°角的偏斜，而 3 号试样柱状晶没有发生偏斜。这表明在连铸坯液相穴的边部和宽度 1/4 的地方有钢液的流动，液相穴中心部位无钢液流动。

人们可以根据测定的偏斜角度来推测钢流的流动状况，研制出适合的浸入式水口形状、插入深度和侧孔大小及角度，改善结晶器流场。

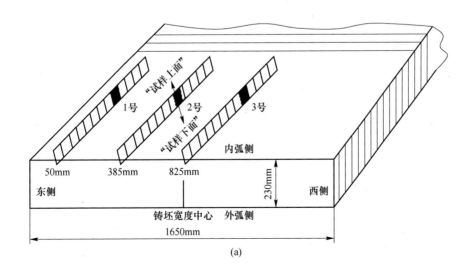

(a)

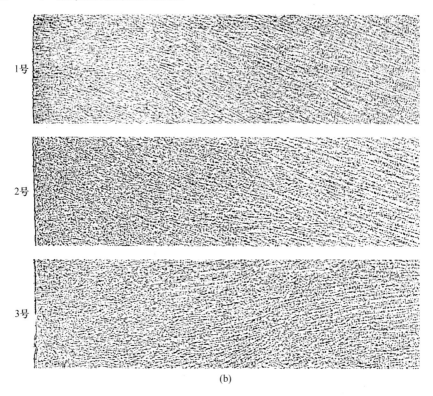

(b)

图 3-34   连铸坯柱状晶偏斜测量

(a) 取样位置；(b) 柱状晶偏斜角度（纵向断面，2×）

3.7   二次晶间距

3.7.1   二次晶间距的测量

相邻的一次晶轴宽度中心之间距离称一次晶间距，相邻的二次晶轴宽度中心之间距离称二次晶间距，如图 3-35 所示。

据文献报道[3]，铸坯冷却速率是很难测定的，但是只要测出二次晶间距 λ_2（μm），则可以利用经验公式计算冷却速率 ε（K/s）：

$$\lambda_2 = a\varepsilon^{-n}$$

式中，常数 a = 109.2，常数 n = 0.44。

测定二次晶间距，对减轻连铸坯中心偏析有重要意义。冷却速度较慢时，二次

图 3-35   铸坯一、二次晶间距测量示意图

晶间距增大，导致糊状区渗透率急剧增加，使富集溶质的母液向铸坯中心流动，中心偏析加剧。当冷却速度较快时，二次晶间距减小，使一次晶间母液中的偏析元素和夹杂物分散，母液不会向铸坯中心流动，增加铸坯致密性，偏析减轻。

测定二次晶间距，对于解决高碳钢小方坯（150mm×150mm）中心偏析和获得细晶组织特别有效，对于大方坯效果不太明显[3]。

测量二次晶间距时要求提供二次树枝晶清楚的枝晶腐蚀图像。用被测图像长度除以被测图像二次晶（间隙）个数，即为二次晶间距。最后再除以图像放大倍数，即得到二次晶间距的实际距离 λ_2 值。枝晶腐蚀图像采用扫描仪、体式显微镜或金相显微镜照相，放大倍数 15～100 倍，取点 10 点以上，求平均值，代表该地二次晶间距 λ_2 值。

应该注意，扫描仪照相，图像是位图，在电脑上放大倍数不能超过 15 倍。体式显微镜或金相显微镜拍摄的二次晶间距图像可以任意放大。

由于切割面的偶然性，二次晶有的地方清晰，有的地方模糊，检验者需要分析判断，决定取舍，这是很艰苦细致的工作。

3.7.2 二次晶间距测量图例

二次晶间距测量如图 3-36～图 3-40 所示。

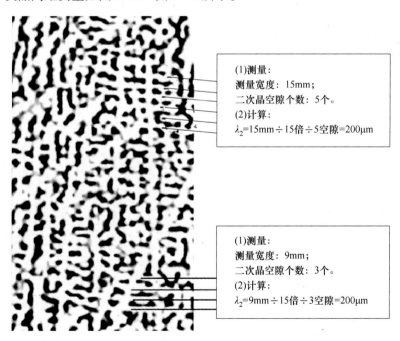

(1)测量：
测量宽度：15mm；
二次晶空隙个数：5个。
(2)计算：
λ_2=15mm÷15倍÷5空隙=200μm

(1)测量：
测量宽度：9mm；
二次晶空隙个数：3个。
(2)计算：
λ_2=9mm÷15倍÷3空隙=200μm

图 3-36　铸坯二次晶间距 λ_2 测量图例 1（横向断面，15×）

（钢种：800 号耐热合金；规格：ϕ60mm 圆形小钢锭；扫描仪照相）

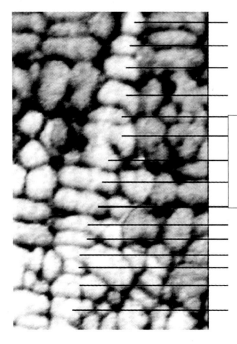

(1)测量：
测量宽度：84mm；
二次晶空隙个数：14个。
(2)计算：
$\lambda_2 = 84mm \div 30倍 \div 14空隙 = 200\mu m$

图 3-37　铸坯二次晶间距 λ_2 测量图例 2（横向断面，30 ×）

（钢种：800 号耐热合金；规格：$\phi 60mm$ 圆形小钢锭；体视显镜照相）

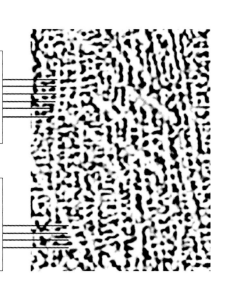

(1)测量：
测量宽度：11mm；二次晶空隙个数：5个。
(2)计算：
$\lambda_2 = 11mm \div 8倍 \div 5空隙 = 275\mu m$

(1)测量：
测量宽度：6.5mm；二次晶空隙个数：3个。
(2)计算：
$\lambda_2 = 6.5mm \div 8倍 \div 3空隙 = 271\mu m$

图 3-38　铸坯二次晶间距 λ_2 测量图例 3（横向断面，8 ×）

（钢种：45 钢；规格：$150mm \times 150mm$ 小方坯；扫描仪照相）

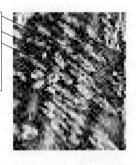

(1)测量：
测量宽度：7mm；二次晶空隙个数：2个。
(2)**计算**：
$\lambda_2 = 7\text{mm} \div 10\text{倍} \div 2\text{空隙} = 350\mu\text{m}$

图 3-39　铸坯二次晶间距 λ_2 测量图例 4（横向断面，10×）

（钢种和规格：230mm 厚度硅钢坯；扫描仪照相）

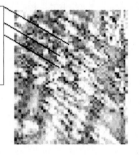

(1)测量：
测量宽度：6mm；二次晶空隙个数：2个。
(2)**计算**：
$\lambda_2 = 6\text{mm} \div 15\text{倍} \div 2\text{空隙} = 200\mu\text{m}$

图 3-40　铸坯二次晶间距 λ_2 测量图例 5（横向断面，15×）

（钢种和规格：230mm 厚度硅钢铸坯；扫描仪照相）

3.8　硅钢坯断口与冷酸腐蚀和枝晶腐蚀凝固组织对比检验

在铸坯取样加工过程中，硅钢坯产生断裂，断口如图 3-41(a) 所示；将断口磨光做冷酸腐蚀检验，如图 3-41(b) 所示；最后将断口磨光、抛光做枝晶腐蚀检验，如图 3-41(c) 所示。

图 3-41(a) 断口观察，中间位置是等轴晶，等轴晶两侧是柱状晶，断裂断口凝固组织形貌清晰。

图 3-41(b) 冷酸腐蚀，与断裂断口观察到的凝固组织形貌类似，中间位置是等轴晶，两侧是柱状晶。

图 3-41(c) 枝晶腐蚀，清晰地显示中心位置等轴晶和两侧柱状晶凝固组织细节。

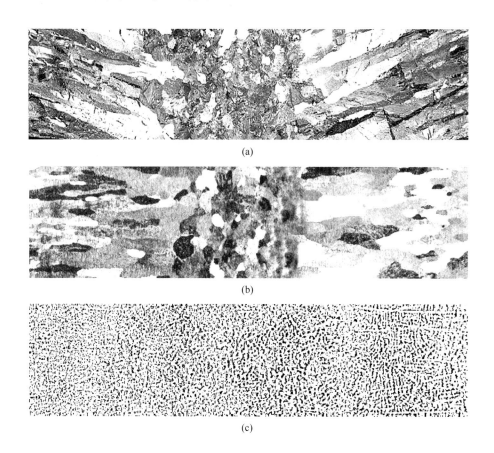

图 3-41   硅钢断裂断口与冷酸腐蚀和枝晶腐蚀凝固组织对比（横向断面，1×）

(a) 断裂断口凝固组织形貌；(b) 冷酸腐蚀凝固组织形貌；(c) 枝晶腐蚀凝固组织形貌

3.9   连铸圆坯枝晶腐蚀凝固组织的分布

3.9.1   采样情况

3.9.1.1   概况

本章前面大部分是连铸坯局部凝固组织，没有观察到整个连铸坯各种凝固组织的分布和比例，因此选取转炉冶炼，钢种：20G，规格：φ270mm 圆坯，连铸中包温度 1544℃，过热度 30℃，拉坯速度 1.10m/min 进行检验。

3.9.1.2   试验方法

铣床铣平试样检验面，砂带机磨削和抛光，取横向全截面试样进行枝晶腐蚀低倍检验。目的是展示圆坯弧形连铸机凝固组织的分布规律和形貌特征。

3.9.2 试验结果

枝晶腐蚀横向全截面凝固组织图像分布位置如图 3-42 和表 3-1 所示，凝固组织分 4 个部分：

(1) 图和表中 1、2 是细小等轴晶；

(2) 图和表中 3、4 是柱状晶；

(3) 图和表中 5、6 是交叉树枝晶；

(4) 图和表中 7、8 是等轴晶。

各种凝固组织的厚度和占检验面的百分数见图 3-42 和表 3-1：细小等轴晶 7%、柱状晶率 59%、交叉树枝晶率 20%、等轴晶率 14%。

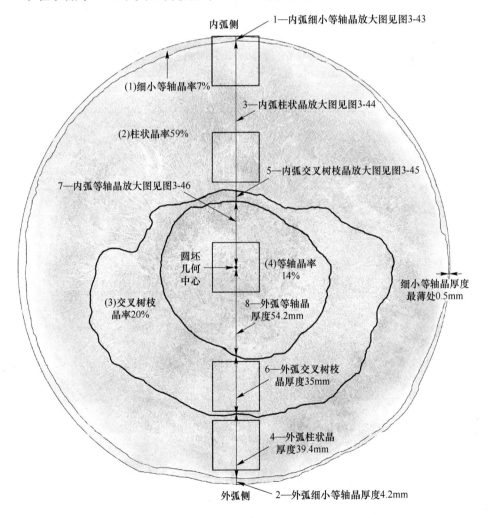

图 3-42 连铸圆坯凝固组织的分布（横向断面，1×）

表 3-1　连铸圆管坯凝固组织分布

序号	凝固组织	厚度/mm	内、外弧厚度差	占检验面面积/%	
1	内弧细小等轴晶	2.6	内、外弧处细小等轴晶厚度都是 2.6mm，但整个铸坯细小等轴晶厚度是不均匀的，图 3-42 右侧细小等轴晶厚度最薄处是 0.5mm	（1）细小等轴晶率：7	
2	外弧细小等轴晶	2.6			
3	内弧柱状晶	90	内弧柱状晶比外弧长 90－39.4＝50.6mm	（2）柱状晶率：59	
4	外弧柱状晶	39.4			
5	内弧交叉树枝晶	7.2	外弧交叉树枝晶比内弧厚 35－7.2＝27.8mm	（3）交叉树枝晶率：20	总等轴晶率：34
6	外弧交叉树枝晶	35			
7	内弧等轴晶	39	外弧等轴晶比内弧厚 54.2－39＝15.2mm	（4）等轴晶率：14	
8	外弧等轴晶	54.2			
合计		270		100	

　　为了观察凝固组织的特征，研究凝固组织细节，将图 3-42 中内弧细小等轴晶、柱状晶、交叉树枝晶和中心等轴晶放大见图 3-43～图 3-46。

图 3-43　内弧细小等轴晶层
（横向断面，3×）

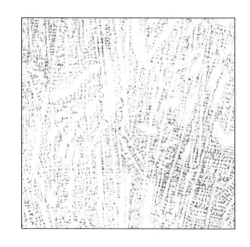

图 3-44　内弧侧柱状晶层
（横向断面，3×）

　　如图 3-42 和表 3-1 所示，交叉树枝晶晶轴彼此交叉和镶嵌，根据《连铸钢坯凝固组织低倍评定方法》（GB/T 24178—2009）规定，晶轴彼此镶嵌的交叉树枝晶按等轴晶评定，所以本图例等轴晶率是 14%，而总等轴晶率是 14%＋20%＝34%。

图 3-45　内弧交叉树枝晶层
（横向断面，3×）

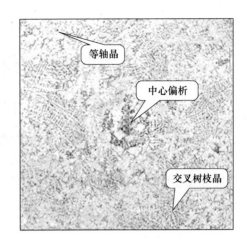

图 3-46　内弧中心等轴晶层
（横向断面，3×）

3.9.3　结论

对于圆坯弧形连铸机来说，如图 3-42 和表 3-1 所示，ϕ270mm 圆坯 20G 钢种凝固组织是内弧侧柱状晶较外弧测柱状晶长 50.6mm，交叉树枝晶层外弧比内弧厚 27.8mm，等轴晶层外弧侧较内弧侧厚 15.2mm。内弧侧柱状晶长，外弧侧柱状晶短，外弧侧交叉树枝晶和等轴晶层厚，这是弧形连铸机凝固组织的结晶规律，这个规律适合用于弧形连铸机生产的任何钢种。

参 考 文 献

[1] 史宸兴. 连铸钢坯质量［M］. 北京：冶金工业出版社，1980.

[2] 郭延钢. 连续铸钢［M］. 北京：冶金工业出版社，1995.

[3] 冯军. 高强度二冷对高碳钢小方坯凝固组织和中心碳偏析的影响［J］. 特殊钢，2006，27（4）：42～44.

4 连铸钢坯缺陷的检验

从结晶器拉出来带有液芯的坯壳，在连铸机二冷区边运行、边传热、边凝固而形成很长的液相穴铸坯。由于钢液流动、传热、传质和凝固前沿高温力学性能及应力相互作用，铸坯形成各种缺陷。国家标准对经常出现的缺陷进行了规定，包括中心疏松、中心偏析、裂纹、缩孔、气泡和夹杂物六种缺陷。

方坯（或矩形坯）内部缺陷如图4-1所示。

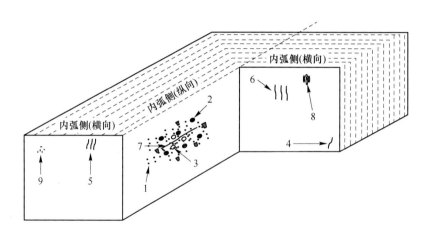

图 4-1　方坯（或矩形坯）内部缺陷示意图

1—中心疏松；2—中心偏析；3—缩孔；4—角部裂纹；5—皮下裂纹；

6—中间裂纹；7—中心裂纹；8—皮下气泡；9—非金属夹杂物

（1）腐蚀标准：按《钢的低倍组织及缺陷酸蚀检验法》（GB/T 226—2015）进行腐蚀。

（2）评级标准：

1）《优质碳素结构钢和合金结构钢连铸方坯低倍组织缺陷评级图》（YB/T 153—1999）；

2）《连铸钢方坯低倍组织缺陷评级图》（YB/T 4002—2013）；

3）《连铸钢方坯低倍枝晶组织缺陷评级图》（YB/T 4340—2013）。

按标准规定可评4个级别，1~4级，缺陷介于两级之间可评半级。

圆形坯内部缺陷如图4-2所示。

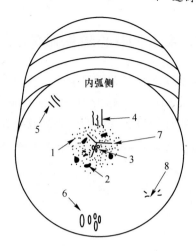

图4-2　圆形坯内部缺陷示意图

1—中心疏松；2—中心偏析；3—缩孔；4—中间裂纹；5—皮下裂纹；
6—皮下气泡；7—中心裂纹；8—非金属夹杂物

圆形坯内部缺陷腐蚀标准和评级标准同方坯（或矩形坯）内部缺陷的腐蚀标准和评级标准。

板坯内部缺陷如图4-3所示。

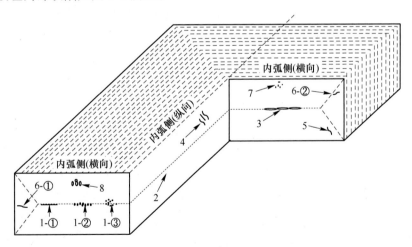

图4-3　板坯内部缺陷示意图

1—中心偏析：1-①—A类中心偏析；1-②—B类中心偏析；1-③—C类中心偏析；
2—中心疏松；3—中心裂纹；4—中间裂纹；5—角部裂纹；6-①—三角区裂纹；
6-②—角部三角区裂纹；7—氧化铝夹杂；8—蜂窝气泡

板坯内部缺陷腐蚀标准同方坯的腐蚀标准；评级标准按《连铸钢板坯低倍组织缺陷评级图》(YB/T 4003—2016)、《连铸钢板坯低倍枝晶组织缺陷评级图》(YB/T 4339—2013)规定可评6个级别，0.5~3.0级。

4.1　中心疏松缺陷

沿连铸坯横向或纵向轴线剖开，做低倍检验，就会发现铸坯中心附近，呈现组织不致密，有许多小微孔和暗点，称为中心疏松（见图4-4）。对于方坯、矩形坯和圆坯，中心疏松一般都分布在铸坯的中心区域附近，板坯中心疏松分布在厚度中心线附近。

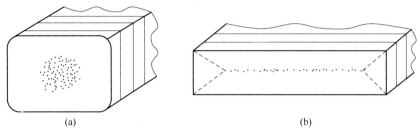

(a)　　　　　　　　　　　　　　(b)

图4-4　中心疏松缺陷示意图

（a）方坯中心疏松；（b）板坯中心疏松

一般轧制钢材压缩比达到 3 ~ 5 时，中心疏松可以焊合，对成品无危害。但是，在不经轧制而直接加工连铸坯轴心部位的情况下，如连铸圆管坯，严重的中心疏松对于产品性能的危害极大。对用于轧制无缝管的铸坯，中心疏松会造成钢管内表面缺陷，影响使用[1]。

中心疏松实物如图 4-5 ~ 图 4-8 所示。其中图 4-5 取自 YB/T 4339—2013；图 4-6 取自 YB/T 4340—2013；图 4-7 和图 4-8 取自生产检验。

(a)

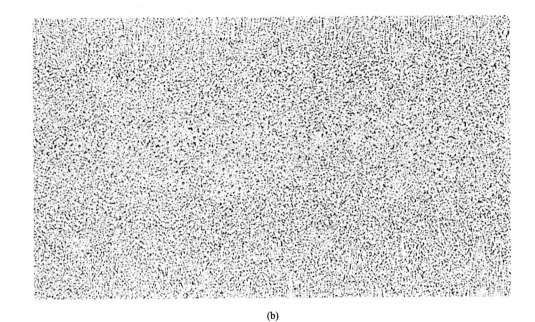

(b)

(c)

图 4-5 板坯标准中心疏松缺陷实物图

(a) 0.5 级 (1×)；(b) 2.0 级 (1×)；(c) 3.0 级 (1×)

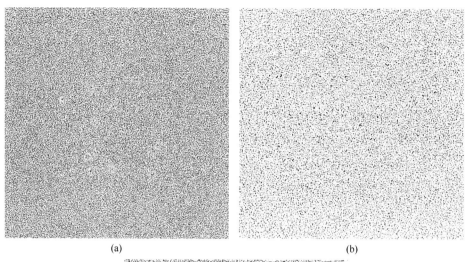

(a)　　　　　　　　　　　　　　　　　　　(b)

(c)

图 4-6　方坯标准中心疏松缺陷实物图

(a) 1.0 级 (1×)；(b) 2.0 级 (1×)；(c) 3.0 级 (1×)

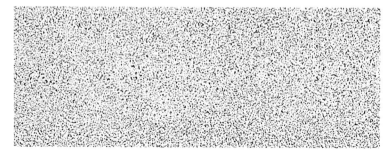

图 4-7　板坯中心疏松 1.5 级（横向断面，1×）

（钢种为中碳钢（0.123%C、0.282%Si、1.346%Mn、0.012%P、0.007%S）；规格为 230mm×1550mm 板坯）

图 4-8　方坯中心疏松 1.5 级（横向断面，1×）
（钢种为 20 钢（0.21%C、0.27%Si、0.48%Mn、0.014%P、0.010%S）；
规格为 380mm×280mm 矩形坯；浇注温度为 1547℃；拉坯速度为 0.8m/min）

4.1.1　中心疏松缺陷特征

凝固速度对疏松有一定影响。凝固速度快，疏松分散分布，称一般疏松；而凝固速度慢，疏松集中分布，分布在铸坯中心部位，称中心疏松。

铸坯中心疏松可以通过提高放大倍数观察到[2]。疏松孔洞在 200 倍金相显微镜下显示明显，如图 4-9 中黑色相是未被钢水填充的疏松显微孔洞。

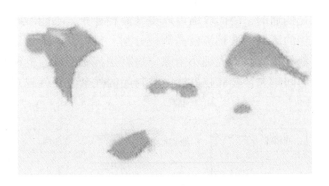

图 4-9　AH32 铸坯中心疏松缺陷金相照片（抛光态，200×）

铸坯中心疏松在扫描电镜下观察为卵形晶粒，呈现自由晶特征。一般情况下，铸坯自由晶只能在铸坯最后凝固位置无填充情况下出现，即中心疏松[3]。疏松区卵形晶粒扫描电镜形貌如图 4-10 所示，呈现卵形（圆形或椭圆形）的晶粒之间的空隙是疏松孔洞。可见疏松与缩孔缺陷形成机理是一样的，都是形成孔洞无钢液填充[4]。两者的区别只是疏松孔洞是细小的显微孔洞，在低倍试片上呈现小黑点；而缩孔是较大的物理孔洞，在低倍试片上呈现大黑孔洞。

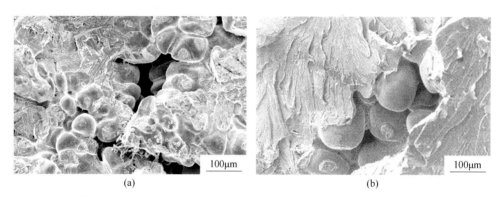

(a)　　　　　　　　　　　　　　　(b)

图 4-10　铸坯疏松卵形晶粒扫描电镜照片

（a）718H 钢铸坯（350mm 厚度）；（b）45 钢铸坯（250mm 厚度）

4.1.2　中心疏松缺陷形成机理

中心疏松与凝固收缩有关。在铸坯凝固末期，钢水黏度增大，在凝固前沿形成两相区（糊状区），如图 4-11 所示。两相糊状区可细分为 3 个小区[5]：

Ⅰ 区靠近液相区，固相尚未形成骨架（固相之间彼此尚未连接），凝固收缩通过液相的流动和固相的运动得到补缩，不能形成疏松；

Ⅱ 区中固相虽已形成枝晶骨架，不能运动了，但是枝晶间未生长侧枝，液相的流动通道仍然是畅通的，凝固收缩可以得到液相补充，不能形成疏松；

Ⅲ 区靠近固相的区域，液相被枝晶侧枝分割、封闭，其中的残余液相凝固产生的收缩得不到液相补充，形成细小空隙，这就是疏松形成的机理。

显然，凝固区间越大，枝晶越发达，被封闭的残余液相就越多，形成的疏松就越严重。

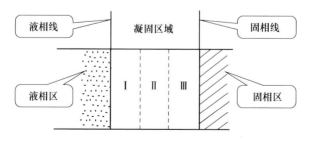

图 4-11　铸坯截面上的凝固状态

同时最后凝固时残余气体析出和杂质元素聚集，也造成中心区域组织不致密，形成中心疏松。气体析出是因为残余气体在固相中的溶解度很小，其随着温度降低而析出，形成细小空隙。杂质聚集是指易偏析元素的聚集。

综上所述，中心疏松形成机理是，在凝固末期，凝固收缩得不到钢水充分填充，同时有残余气体析出及杂质元素聚集，造成中心区域组织不致密，形成微孔，即中心疏松。

4.1.3 中心疏松缺陷的影响因素

（1）钢水洁净度。降低钢水中 S、P 含量，提高钢的纯净度，降低气体析出和杂质元素的聚集，可以减少疏松缺陷。

（2）过热度。凝固的前期过程主要是过热度的消除过程。随着过热度的增大，铸坯中心温度增加，而铸坯表面温度变化很小，凝固坯壳的温度梯度增大，因此有利于柱状晶的生长，促使柱状晶"搭桥"的概率增大，最终加重铸坯中心疏松和缩孔缺陷。因此，在不引起水口冻结的情况下，应尽可能采用低过热度浇注。

（3）拉速。增大拉速会使液芯延长，推迟等轴晶的形核和长大，扩大柱状晶区，促使柱状晶"搭桥"，增加"小钢锭"结构形成的概率，从而加重中心疏松和缩孔缺陷。因此，在实际生产中，要将拉速与浇注温度等因素合理匹配，尽可能避免高拉速的出现。

（4）冷却强度。二冷强度加大，铸坯表面温度降低，而中心温度变化很小，铸坯横断面上温度梯度增大，从而有利于柱状晶的生长，使等轴晶比例降低，加大铸坯中心疏松和缩孔的形成倾向。因此，要确定合适的二冷强度以及合理分配二冷区各冷却段的水量，使铸坯冷却均匀。

（5）钢种。高碳钢和合金元素含量高的钢，两相区宽，体积收缩率提高，补缩通道细长，容易形成枝晶骨架，导致中心疏松和缩孔缺陷严重。

4.2 中心偏析缺陷

在中间包中各不同点取样，其化学成分都是一样的，是均匀的，但钢水浇注成铸坯（或钢锭）后，从铸坯（或钢锭）的表面到中心取样分析，其化学成分有显著差异，这种溶质元素分布的不均匀现象就叫作偏析。铸坯产生偏析是因为凝固过程中发生选分结晶，溶质再分配时往往不能均匀扩散，产生成分不均匀现象，如铸坯中心部位的碳、锰、磷、硫等元素含量高于铸坯其他部位，称作产生中心宏观偏析。

连铸坯宏观偏析一旦形成，无法在后续工序（如轧制、热处理等）中完全消除。

4.2.1　中心偏析缺陷特征

板坯中心偏析分 A、B 和 C 三类，A 类为连续中心偏析，B 类为断续中心偏析，C 类为分散中心偏析。按偏析类型，根据偏析带宽度和偏析斑点大小及密集程度进行评级。

方（矩）、圆形坯，在腐蚀面上，中心区域内呈现黑色斑点称为中心偏析缺陷。按斑点大小和偏析范围及密集程度进行评级。

中心偏析如图 4-12 所示；实物如图 4-13 ~ 图 4-19 所示。其中，图 4-13 取自 YB/T 4339—2013；图 4-14 取自 YB/T 4340—2013；图 4-15 ~ 图 4-19 取自生产检验。

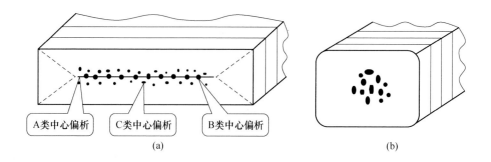

图 4-12　中心偏析缺陷示意图

（a）板坯 A、B、C 类中心偏析；（b）方坯中心偏析

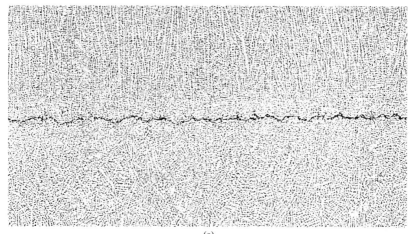

(a)

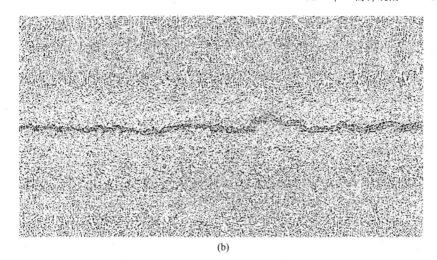

(b)

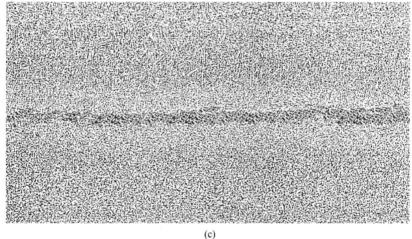

(c)

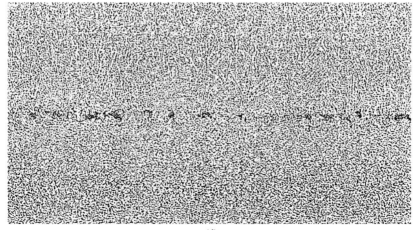

(d)

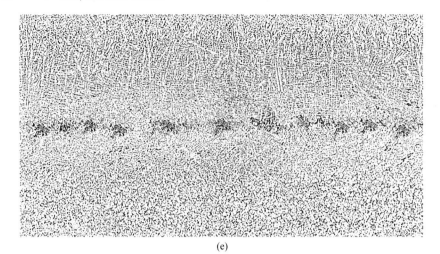

(e)

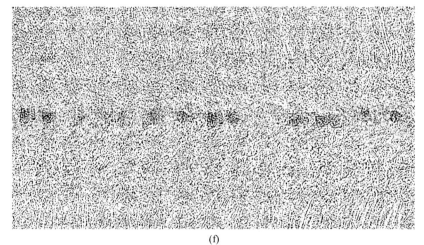

(f)

(g)

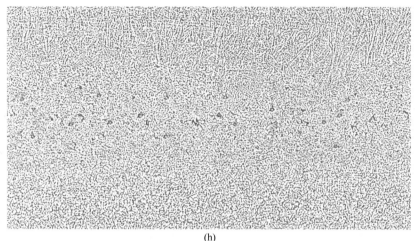

(h)

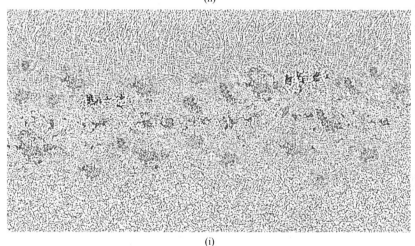

(i)

图4-13 板坯标准中心偏析缺陷实物图

(a) A类1.0级 (1×); (b) A类2.0级 (1×); (c) A类3.0级 (1×);

(d) B类1.0级 (1×); (e) B类2.5级 (1×); (f) B类3.0级 (1×);

(g) C类0.5级 (1×); (h) C类1.5级 (1×); (i) C类3.0级 (1×)

4.2.2 中心偏析缺陷形成机理

中心偏析是指钢液在凝固过程中，由于选分结晶，溶质元素在两相区重新分配，枝晶间尚未凝固含溶质元素的钢水向中心流动和富集，造成铸坯中心 C、S、P 等偏析元素含量明显高于其他部位，这就是中心偏析，中心偏析形成机理如下[6]：

（1）凝固桥理论。连铸二冷区喷水冷却不均，促使局部区域柱状晶生长较

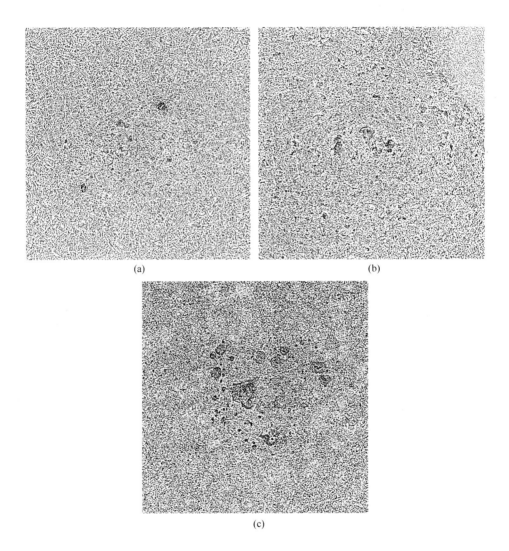

图 4-14 方坯标准中心偏析缺陷实物图
(a) 1.0 级 (1×); (b) 3.0 级 (1×); (c) 4.0 级 (1×)

快，造成柱状晶在铸坯厚度中心局部区域产生"搭桥"现象（高碳钢 $w(C) >$ 0.45% 这种"搭桥"现象较严重），当桥下面钢液凝固时，得不到桥上部钢水向下流动补充凝固收缩，形成空洞，富集溶质元素钢水被吸入空洞中，形成了宏观中心偏析缺陷。

（2）溶质元素析出与流动富集理论。铸坯由表面坯壳向中心凝固过程中，易偏析元素 C、Mn、S、P 等发生选分结晶，从柱状晶晶轴析出，分布在凝固界面的前沿和柱状晶间。这些富集了偏析元素的液体凝固温度低，最终流动到铸坯

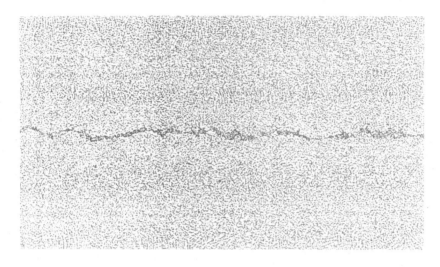

图 4-15　板坯 A 类中心偏析 1.5 级（横向断面，1×）
（钢种为 SS400（0.14%C、0.28%Si、0.81%Mn、0.018%P、0.013%S）；
规格为 230mm×1650mm 板坯；浇注温度为 1543℃；拉坯速度为 1.10m/min）

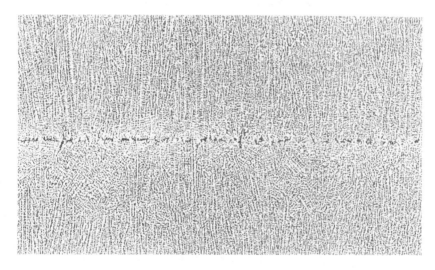

图 4-16　板坯 B 类中心偏析 1.0 级（横向断面，1×）
（钢种为 SPA-H（0.067%C、0.296%Si、0.445%Mn、0.070%P、0.002%S、0.352%Cr、0.029%Ti、
0.032%Als）；规格为 170mm×1418mm 板坯；浇注温度为 1541℃；拉坯速度为 1.7m/min）

中心，形成中心偏析缺陷。钢水中易偏析元素含量越多，形成中心偏析缺陷越严重。

　　（3）空穴抽吸理论。

　　1）鼓肚抽吸。连铸坯在凝固过程中，如果坯壳出现鼓肚，铸坯中心液芯形

图 4-17   板坯 C 类中心偏析 2.0 级 （横向断面，1×）
（钢种为 28Cr2Mo（0.28%C、0.26%Si、0.41%Mn、0.009%P、0.003%S、
2.20%Cr、0.30%Mo）；规格为 230mm×1650mm 板坯；
浇注温度为 1533℃；拉坯速度为 1.0m/min）

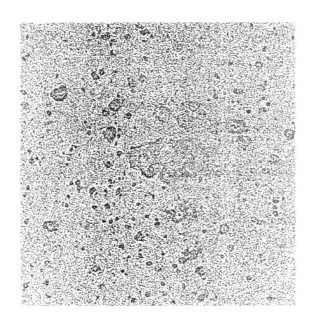

图 4-18   方坯中心偏析大于 4.0 级 （横向断面，1×）
（钢种为 U75V 钢（0.74%C、0.60%Si、0.87%Mn、0.013%P、0.004%S、0.110%V）；
规格为 380mm×280mm 矩形坯；拉坯速度为 0.70m/min）

图 4-19 方坯中心偏析 2.0 级（横向断面，1×）

（钢种为 80 钢（0.81%C、0.24%Si、0.24%Mn、0.017%P、0.005%S）；

规格为 380mm×280mm 矩形坯；浇注温度为 1503℃；拉坯速度为 0.75m/min）

成空穴，产生负压形成抽吸作用，使富集了溶质元素的钢液被抽吸到中心，导致中心偏析。

2）凝固收缩抽吸。液相穴末端的凝固收缩（4%）产生空穴，使凝固末端富集溶质元素的钢液被抽吸流入中心，导致中心偏析。

上述三种理论都提到富集溶质的钢水流动，因此可以说中心偏析是富集溶质元素的钢水（浓化钢水）流动的函数。

4.2.3 中心偏析缺陷的影响因素

铸坯中心偏析对钢材性能影响很大，尤其是高质量钢材偏析问题，直接关系到使用寿命和交货合同的完成，因而要根据影响因素采取预防措施。

（1）钢水洁净度。中心偏析产生的根本原因是钢液凝固时发生选分结晶，即高熔点元素组元先凝固，低熔点元素组元后凝固，导致化学成分偏聚，即产生偏析。

C、P、S 等元素是铸坯中容易偏析的元素。C 应按钢种要求，按下限控制；P 和 S 要求 $w[P] \leqslant 0.0125\%$ 、$w[S] \leqslant 0.006\%$ 。

（2）过热度。过热度是控制铸坯凝固组织的重要因素。降低过热度，能够提供大量的等轴晶核，生成等轴晶网络。等轴晶使偏析分散，降低偏析缺陷级别。因此应控制过热度 ΔT 在合理范围内，如 $\Delta T \leqslant 25℃$，有利于提高等轴晶率，进而减轻中心偏析。

（3）拉坯速度。拉速对铸坯凝固组织有很大影响。拉速增加，液态钢在结晶器内停留的时间缩短，推迟了中心等轴晶的生成，造成柱状晶发展，甚至产生"搭桥"，导致中心偏析。拉速增加，铸坯坯壳厚度变薄，更易引起鼓肚。因此，应根据钢种和浇注条件来选择合适的拉速。一般对厚板坯来说，拉速在 1.0 ~ 1.1m/min 为宜。

（4）二冷强度。对于大方坯和厚板坯，减小二冷比水量，实现二冷弱冷，减少柱状晶率，增加等轴晶率。对于高碳钢小方坯和薄板坯，可以实现强冷，通过减小铸坯二次晶间距，阻止富集溶质的母液向铸坯中心流动，改善连铸坯中心偏析。

（5）电磁搅拌。通过电磁搅拌使铸坯内钢水强制流动，折断柱状晶晶梢，抑制柱状晶生长。降低铸坯液芯过热度，增加液芯等轴晶形核率，减轻中心偏析缺陷。

（6）动态轻压下。在凝固末端前面采用动态轻压下，可以有效地消除或减轻中心偏析缺陷。

4.2.4 铸坯凝固组织与中心偏析的相关性

柱状晶凝固后期，一次枝晶臂间距增大，当其大于二次枝晶的长度的 2 倍时，二次枝晶臂不能到达的地方会有空隙，含高溶质钢液向中心流动、聚集，形成宏观中心偏析，因此，需要减小一次晶间距，控制母液流动，减少中心偏析。

铸坯等轴晶率较高时，等轴晶无固定生长方向，晶粒位相各不相同，可以分散钢液中的偏析元素，减轻偏析缺陷。

柱状晶向等轴晶转变区域界面处是偏析高发区。因为凝固时析出的溶质元素在柱状晶前沿，无法向等轴晶界扩散。

对于小方坯来说，凝固末期，高浓度溶质的钢水沿二次晶间渗透，加剧中心偏析的产生。可以增加二冷却强度，减小二次晶间距，避免其渗透，减少偏析。此法对于小方坯很奏效，而大方坯效果欠佳。

根据报道[7]，铸坯凝固组织分为四类（见图 4-20）：a 类铸坯柱状晶晶体粗大发达，等轴晶面积狭窄（<10%）；b 类铸坯柱状晶晶体细小发达，等轴晶面积较宽；c 类铸坯柱状晶晶体细小，等轴晶面积狭窄（<10%）；d 类铸坯柱状晶晶体细小，等轴晶面积较宽（>20%）。根据质量跟踪发现，a、b、d 三类铸坯的中心质量均比较好，偏析均为 B1.0，很少出现中心偏析严重的情况。但是 c 类铸坯的中心质量很难控制，中心偏析经常维持在 B1.5 左右。

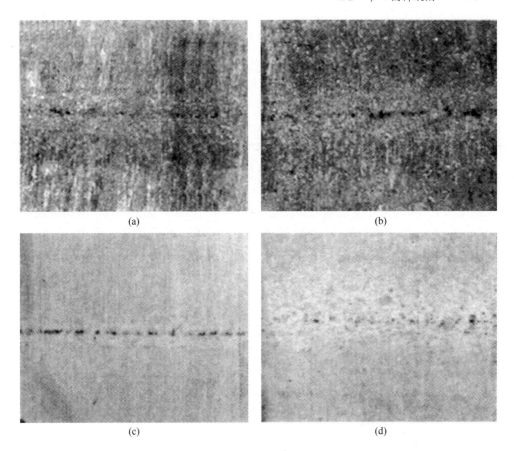

图 4-20 四类铸坯中心偏析热酸腐蚀低倍显示图[7]

(a) a类；(b) b类；(c) c类；(d) d类

　　一般的学术观点认为柱状晶越发达，偏析和疏松越严重。但根据质量统计，虽然 a 类铸坯柱状晶晶体粗大发达，但是偏析并不会很严重；c 类铸坯虽然柱状晶晶粒细小，但是偏析反而严重。徐红伟、王忠英等人对这种现象做了研究，认为柱状晶越发达，柱状晶间的间隙越大，高溶质钢液均停留在枝晶之间的间隙内，最终凝固时，高溶质钢液并没有汇聚到铸坯中心，中心偏析不会严重。对于 c 类铸坯，由于枝晶晶粒细小，枝晶间的间隙很小，随着凝固界面均一地向前推进，偏析元素均富集到铸坯中心处，造成中心偏析严重。虽然 d 类铸坯的枝晶也很细小，但是等轴晶区较宽，等轴晶的凝固界面没有方向性，有效地分散了中心区域的溶质元素，改善了中心偏析。

　　上述中心偏析是指连铸坯宏观中心偏析，按国家检验标准进行评级，是连铸坯中一种主要缺陷。连铸坯的偏析除宏观偏析缺陷外，还有 V 形偏析（半宏观偏析）、微观偏析和负偏析缺陷，对铸坯和钢材的质量均有一定影响。

4.2.5　V形偏析（半宏观偏析）

传统观念认为等轴晶有利于减轻柱状晶"搭桥"从而改善中心偏析，因此改善中心偏析的重要途径是采用低过热度浇注提高铸坯中心等轴晶率。然而，最近研究发现，中心等轴晶有利于V形偏析的形成，甚至恶化中心偏析缺陷[8]。

4.2.5.1　V形偏析形貌特征

从纵截面看（见图4-21），V形偏析是由多个"V"字上下交织、嵌套在一起，各个"V"字之间相互平行。如果单个地观察每一个"V"字，可以发现，在纵截面上，V字并不是连续的，而是由断续的"点状"偏析组成。从横截面看（见图4-22），V形偏析由一组同心圆组成，圆心位于横截面的几何中心，同心圆也是由不是连续的"点状"偏析组成的。这些"点状"的偏析严重程度，介于微观和宏观偏析之间，被称为"半宏观偏析"。纵截面和横截面的V形偏析都位于中心等轴晶区。

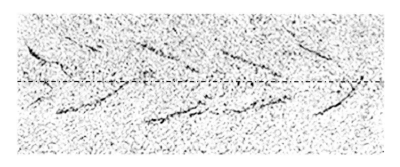

图4-21　板坯V形偏析纵向断面图（1×）

（钢种为Q345B；规格为230mm×1650mm板坯）

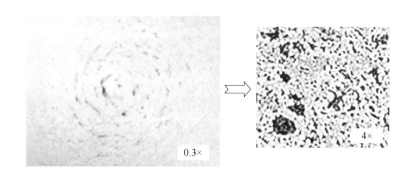

图4-22　方坯V形偏析横向断面图

（钢种为3Cr13马氏体不锈钢；规格为160mm×160mm小方坯）

4.2.5.2 V 形偏析的形成

连铸坯在凝固初期，首先形成激冷层，然后是柱状晶生长，枝晶的凝固由外向内呈平面式推进，液相前沿的溶质含量总是大于固相，被推向中心。与此同时，中心液相一方面溶质不断富集，另一方面液相过热度逐渐消失，当过热度为0时或者有一定的过热度时，与平面式逐渐推进不同，整个液相区同时发生凝固，在重力和凝固收缩的作用下，形成的等轴晶发生滑动、塌陷，晶间浓化的钢液通过这些通道流动，最后凝固时留下 V 形偏析缺陷[9]。

4.2.6 微观偏析

微观偏析是指微小范围（微米级范围）内的化学成分不均匀现象。其按偏析形式可分为晶界偏析、晶内偏析和胞状偏析三种。其中晶界偏析的液膜容易形成裂纹，对铸坯质量的影响较大。

铸坯在凝固过程中，溶质元素和非金属夹杂物富集于晶界，使晶界与晶内的化学成分出现差异，这种成分不均匀现象称为晶界偏析。常见的晶界偏析如图 4-23 所示，柱状晶 1～3 并排生长，生长方向沿晶界从下向上进行。晶界上面与钢水中富集溶质的凹槽接触，晶界中灌满了富集溶质元素的钢水，晶界最后凝固，形成了含微观偏析元素的晶界偏析。晶界偏析比晶内偏析的危害更大，既能降低钢的塑性和高温性能，又能增加热裂纹倾向。

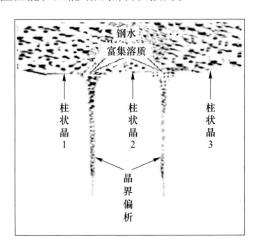

图 4-23 铸坯晶界微观偏析示意图

微观偏析实物图如图 4-24 所示。

在合金凝固过程中，由于固溶体不平衡结晶，从液体中先后结晶出来的固相成分不同，晶粒先结晶，晶界最后结晶，晶粒内偏析元素含量很少，溶质元素和夹杂物富集在晶界，使晶界与晶内的化学成分出现差异，这种成分分布的不均匀现象称为晶界偏析。

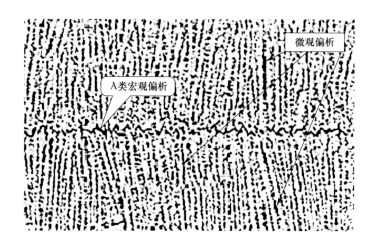

图 4-24　A 类宏观偏析和微观偏析实物图（横向断面，2×）

（钢种为低碳钢（0.04% C、0.02% Si、0.19% Mn、0.008% P、

0.001% S、0.035% Als）；规格为 170mm×1277mm 板坯）

晶界偏析在热力学上是不稳定的，将连铸坯加热到低于固相线 100~200℃，较长时间保温，使溶质原子充分扩散，即均匀化退火，可减轻或消除微观偏析。当然，加热温度不能过高，时间不能过长，以防铸坯过烧或氧化。

4.2.7　负偏析

根据合金各部位的溶质含量 C_S 与合金原始平均含量 C_0 的偏离情况分类，$C_S > C_0$ 称为正偏析，$C_S < C_0$ 称为负偏析。这种分类方法不但适用于微观偏析，也适用于宏观偏析。

连铸负偏析往往发生在正偏析附近，如图 4-25 所示。负偏析呈现白色，这是因为在负偏析区偏析元素 C 含量偏低，增加了试样耐腐蚀性。

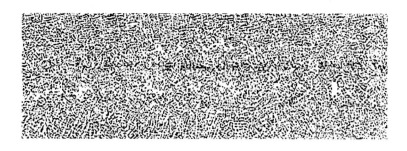

图 4-25　中心正偏析附近的负偏析（横向断面，2×）

（钢种为 Q235B；规格为 210mm×690mm 板坯）

负偏析是由于凝固末期铸坯中心位置出现收缩空穴，空穴周围枝晶间富含溶质的液相流入空穴，没有新的液相对空穴周围区域进行补充，造成空穴周围区域溶质含量较少，特别是碳含量少，低倍腐蚀时呈现白色负偏析区。

在有电磁搅拌的情况下，负偏析呈现"白亮带"的形貌，如图 4-26～图 4-28 所示。电磁搅拌负偏析形成机理最早的解释是"冲洗溶质"机制，即电磁搅拌引起钢水流动，使枝晶间富集溶质的未凝固钢水被冲洗，溶质含量下降，特别是碳含量降低，从而形成白亮带[10]。"白亮带"的亮度一般都是随电磁搅拌强度的提高而增强。"白亮带"的外边界对应于钢坯进入搅拌区时的凝固前沿。

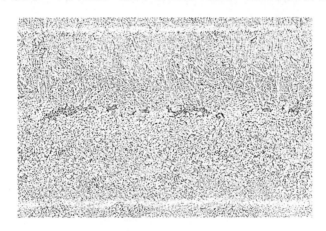

图 4-26　板坯二冷电磁搅拌 S-EMS 白亮带（横向断面，1×）
（钢种为中碳钢（0.15%C、0.55%Mn）；规格为 210mm×690mm；二冷电磁搅拌 S-EMS）

观察连铸板坯横向断面，如图 4-27 所示，白亮带的宽度从右向左逐渐变窄，白亮带最宽处在板坯宽度 1/5～1/4 的位置，说明温度最高点并不是铸坯宽度的中心，在铸坯宽度的 1/5～1/4 的位置，即板坯三角区附近位置。因此，人们称板坯液相穴凝固末端形状为"眼镜形"或"W 形"。

图 4-27　板坯二冷电磁搅拌 S-EMS 白亮带宽度变化（横向断面，1×）
（钢种为 A 板（0.14%C、0.27%Si、0.78%Mn、0.016%P、0.002%S、0.03%Als）；
规格为 230mm×1950mm 板坯；浇注温度为 1537℃；拉坯速度为 1.1m/min）

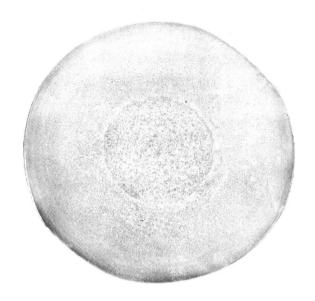

图 4-28　连铸圆坯末端电磁搅拌 F-EMS 白亮带（横向断面，0.4×）
（钢种为 34Mn6；规格为 φ180mm）

4.3　缩　孔　缺　陷

　　沿连铸坯横向或纵向轴线剖开，做连铸坯低倍检验，在中心部位出现的物理孔洞叫作缩孔。缩孔是方、圆连铸坯凝固组织中一种常见的缺陷，若暴露在铸坯端部，铸坯在加热轧制过程中将会产生氧化和脱碳现象，造成钢材缺陷。

　　缩孔缺陷示意图如图 4-29 所示；实物图如图 4-30 ~ 图 4-33 所示。其中，图 4-30 取自 YB/T 4339—2013。按标准规定，连铸板坯缩孔缺陷不评级，只在报告单中记录缩孔缺陷的分布、尺寸和数量多少。图 4-31 取自 YB/T 4340—2013。图 4-32 和图 4-33 取自生产检验。

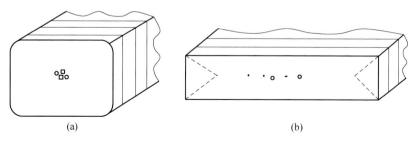

(a)   (b)

图 4-29　缩孔缺陷示意图
（a）方坯缩孔缺陷；（b）板坯缩孔缺陷

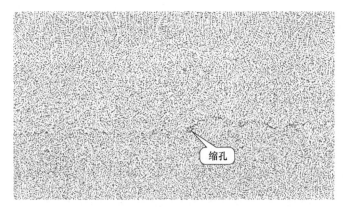

图4-30　板坯缩孔缺陷实物图（1×）

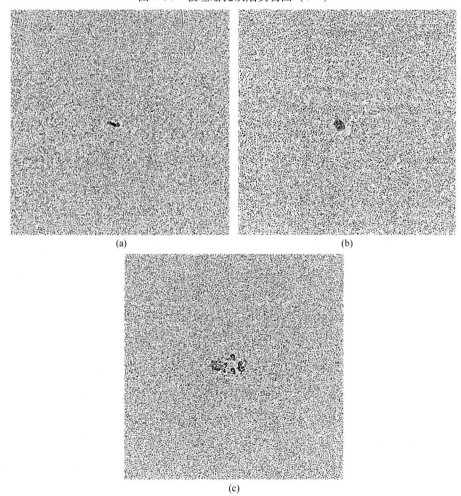

图4-31　方坯缩孔缺陷实物图
(a) 1.0 级 (1×)；(b) 2.0 级 (1×)；(c) 4.0 级 (1×)

图4-32   方坯缩孔缺陷1.5级
（横向断面，1×）
（钢种为Q235B（0.18%C、0.23%Si、
0.44%Mn、0.012%P、0.003%S）；
规格为150mm×150mm 小方坯）

图4-33   方坯缩孔缺陷2.0级
（横向断面，1×）
（钢种为U75V（0.76%C、0.57%Si、0.88%Mn、
0.015%P、0.003%S）；规格为380mm×280mm
矩形坯；拉坯速度为0.70m/min）

4.3.1   缩孔缺陷特征

（1）方坯、矩形坯和圆坯：在铸坯腐蚀面上，中心区域呈现不规则孔洞称为缩孔缺陷，方坯、矩形坯和圆坯按标准规定评4个级别，起评级别1.0级，缺陷严重程度介于两级之间可评半级。缩孔较大时，不容易焊合，有时可能保留在钢材上。

（2）板坯：在试样检验面上，位于板坯厚度中心位置（厚度1/2）附近，缩孔缺陷尺寸较小，大多数为1~3mm，但在抛光面或腐蚀面上明显可见。缩孔缺陷往往与中心偏析和中心疏松伴随发生，有时也会伴随产生中心裂纹，统称连铸坯中心缺陷。

4.3.2   缩孔缺陷形成机理

连铸坯在连续的凝固过程中，上部不断地补充钢水，下部的铸坯连续不断地冷却、收缩、凝固，连铸坯好像不应该产生缩孔缺陷，但是对连铸凝固过程的深入研究发现，铸坯在二次冷却区内的凝固过程是开始时柱状晶均匀生长，但由于铸坯传热的不均匀性，局部区域柱状晶优先生长，优先生长的柱状晶在某一局部区域两边相对连接或者等轴晶的下落，被柱状晶捕集而形成"搭桥"现象，液相穴内钢液被"凝固桥"分割，桥下面的残余钢液凝固时的收缩，得不到钢水的补充而形成疏松及缩孔缺陷[11]。

C. M. Raihle 等人通过现场试验，在物料平衡的基础上建立了缩孔形成的计算模型，提出凝固收缩和固态收缩（热收缩）是导致铸坯缩孔形成和扩大的主要原因。前者凝固收缩形成缩孔，后者固态收缩扩大缩孔。

（1）凝固收缩。钢水凝固收缩时钢水的分子（原子）排序由无序到有序、由远程到近程，致使密度提高。凝固过程释放潜热，体积收缩达4%，收缩部分得不到钢水补充形成缩孔。

二冷喷水冷却不均匀会造成连铸坯传热快慢不等，在凝固末期就会出现树枝晶"搭桥"现象，即形成"小钢锭"结构，桥下面钢水凝固收缩，得不到桥上面钢水补充，留下较大的孔洞就是缩孔缺陷。

（2）固态收缩。铸坯从高温降温到室温是固态收缩，体积收缩达7%～8%，此时整个铸坯凝固过程已经完成，无液态钢水对缩孔补充，使缩孔进一步扩大。

综上所述，缩孔缺陷形成机理可简述为：树枝晶"搭桥"使凝固收缩得不到填充，在铸坯中心区域形成宏观孔洞，即缩孔缺陷。凝固收缩形成缩孔，固态收缩使缩孔进一步扩大。

4.3.3　缩孔缺陷的影响因素

（1）钢水过热度。钢水过热度是很重要的工艺参数，主要影响柱状晶和等轴晶的比例。当过热度偏高时，有利于柱状晶的生长，使柱状晶"搭桥"的概率增大，最终加重连铸坯中心缩孔和疏松缺陷。低过热度有利于增大铸坯在凝固过程中等轴晶的形核概率和生长区域，并限制柱状晶的生长。在柱状晶结晶前沿形成成分过冷区，产生大量新的晶核并长大为等轴晶，封锁柱状晶的生长。

（2）拉坯速度。在其他条件相同的情况下，提高拉速使铸坯形成缩孔缺陷的概率增大。这是因为增大拉坯速度会使液芯延长，从而增加柱状晶"搭桥"的概率，产生中心缩孔和疏松缺陷。在低拉速下，会获得较浅的液相穴，使得钢液易于补缩，并且获得较高的等轴晶率。因此，在满足生产要求的前提下尽量降低拉速。

拉速过快、钢水过热度过高都会促使铸坯缩孔形成，并且拉速的作用大于钢水过热度。提高拉速需要增加二冷比水量，这会导致坯壳温度梯度加大，促使柱状晶发育，使铸坯缩孔变为严重[13]。

拉速与过热度之间存在一个合理的匹配关系，前提是保证浇注不产生冷钢结瘤为条件。过热度控制在20～30℃最好。然而，有人做试验发现，在实际生产中，过热度40℃比30℃发生疏松和缩孔缺陷少，这实际是因为过热度40℃时拉速降低。这也证明了降低拉速效果大于降低过热度效果。

（3）二冷冷却强度。对于大方坯和厚板坯来说，二冷强度加大，铸坯表面温度降低，铸坯横断面上温度梯度增大，从而有利于柱状晶的生长，使等轴晶比例降低，加重铸坯中心疏松和缩孔的倾向。另外，二冷区各冷却段水量的分配也对中心疏松和缩孔有很大的影响，采用先强后弱的分配制度有利于连铸坯质量的提高。因此，要确定合适的二冷强度以及合理分配二冷区各冷却段的水量，使铸坯冷却均匀。虽然弱冷有减轻中心疏松和缩孔的倾向，但是凝固末期二冷弱冷对于连铸小方坯或薄板坯减轻偏析不利。

（4）断面形状。断面形状为方坯、矩形坯和圆坯的液相穴狭窄、细长，容易形成"小钢锭"结构，而板坯液相穴呈"W"形或"眼镜"形，不容易形成"小钢锭"结构。方坯、矩形坯和圆坯缩孔缺陷较板坯严重。

（5）电磁搅拌。施加结晶器电磁搅拌（M-EMS）后，中心等轴晶率明显增加，有利于减轻铸坯缩孔缺陷。投入连铸末端电磁搅拌（F-EMS），液相穴末端区上部生长的柱状晶被打碎，形成等轴晶。

（6）动态轻压下。动态轻压下是指在铸坯液芯末端附近施加压力，用产生的压下量来补偿铸坯的凝固收缩量，消除或减少连铸坯收缩形成的内部空隙，从而起到减少中心缩孔的目的。

4.4　裂纹缺陷

沿连铸坯横向或纵向轴线剖开，做低倍检验，从铸坯内弧侧到外弧侧检验面上的各种裂纹即为内部裂纹。内部裂纹是在凝固前沿发生的，其前端和凝固界面相连接，因此也称为凝固界面裂纹。由于内部裂纹形成时，伴随含有偏析元素的低熔点钢水流入裂纹中，因此其也称为偏析裂纹。

连铸与模铸相比，虽然有很多优点，但是连铸产生裂纹缺陷比较多，占各种缺陷（偏析、疏松、裂纹、缩孔、气泡和夹杂）总和的50%以上。

裂纹缺陷示意图如图4-34～图4-36所示。

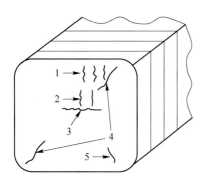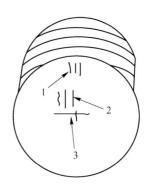

图4-34　方坯（或矩形坯）裂纹示意图　　图3-35　圆形坯裂纹示意图
1—皮下裂纹；2—中间裂纹；3—中心裂纹；　　1—皮下裂纹；2—中间裂纹；
4—对角线裂纹；5—角部裂纹　　　　　　　3—中心裂纹

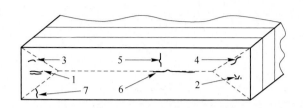

图 4-36 板坯裂纹示意图

1—Ⅰ型中心三角区裂纹；2—Ⅱ型网状三角区裂纹；3—Ⅲ型角部三角区裂纹；
4—Ⅳ型不规则三角区裂纹；5—中间裂纹；6—中心裂纹；7—角部裂纹

在铸坯的冷却和运行过程中，由于在不同位置铸坯凝固前沿所受到应力的大小不同，因此在三角区域内裂纹形成的位置和类型也不同，归纳为 4 种类型，如图 4-36 所示：

Ⅰ型中心三角区裂纹，分布在三角区中心位置，离板坯侧面 35 ~ 100mm，裂纹长度为 5 ~ 90mm；

Ⅱ型网状三角区裂纹，离板坯侧面 35 ~ 60mm，裂纹长度为 5 ~ 30mm；

Ⅲ型角部三角区裂纹，离板坯侧面 20 ~ 25mm，离宽面 30 ~ 40mm，裂纹长度为 5 ~ 30mm；

Ⅳ型不规则三角区裂纹，常伴随板坯形状异常出现，如弧面鼓肚，侧面凹陷[14]。

裂纹缺陷实物图如图 4-37 ~ 图 4-42 所示。其中，图 4-37 取自 YB/T 4339—2013，图 4-38 取自 YB/T 4340—2013，图 4-39 ~ 图 4-42 取自生产检验。

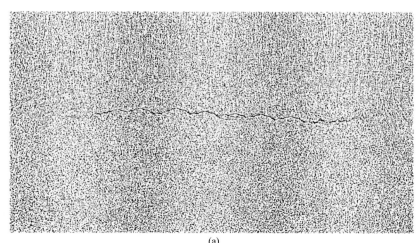

(a)

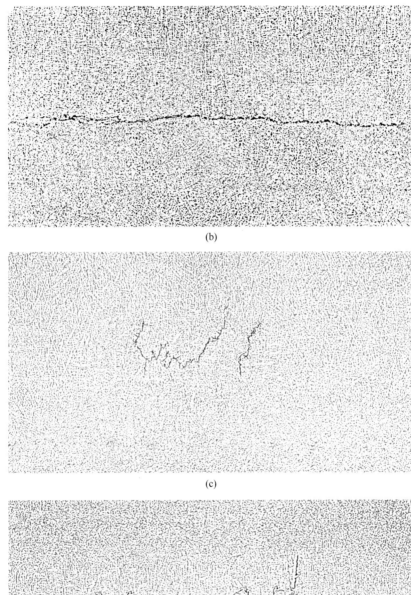

(b)

(c)

(d)

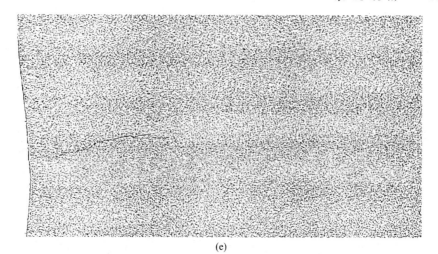

(e)

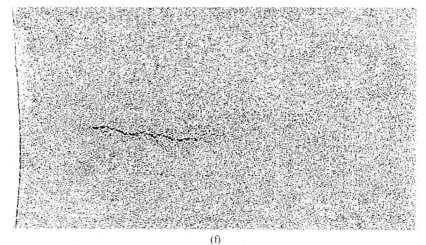

(f)

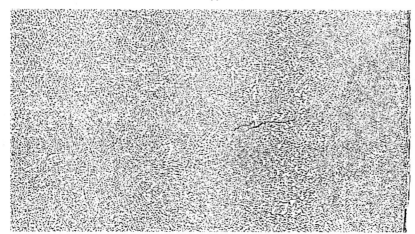

(g)

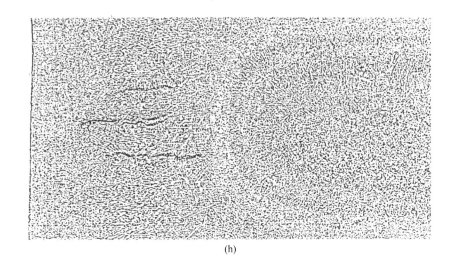

(h)

图 4-37　板坯裂纹缺陷实物图

(a)板坯中心裂纹 1.0 级(1×);(b)板坯中心裂纹 2.5 级(1×);
(c)板坯中间裂纹 1.0 级(1×);(d)板坯中间裂纹 2.0 级(1×);
(e)板坯角部裂纹 1.0 级(1×);(f)板坯角部裂纹 2.0 级(1×);
(g)板坯三角裂纹 0.5 级(1×);(h)板坯三角裂纹 3.0 级(1×)

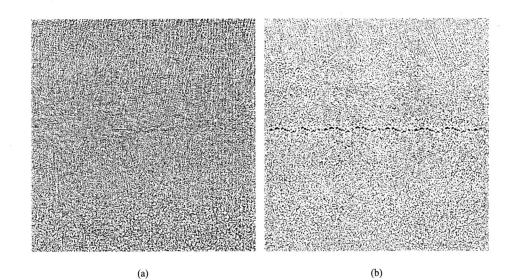

(a)　　　　　　　　　　　　　(b)

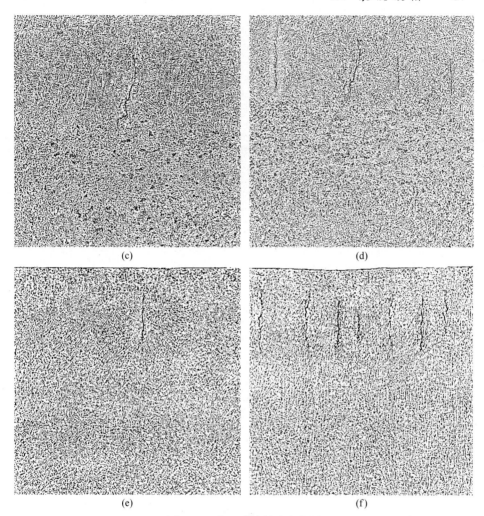

图 4-38　方坯裂纹缺陷实物图

（a）方坯中心裂纹 1.0 级（1×）；（b）方坯中心裂纹 4.0 级（1×）；（c）方坯中间裂纹 1.0 级（1×）；
（d）方坯中间裂纹 4.0 级（1×）；（e）方坯皮下裂纹 1.0 级（1×）；（f）方坯皮下裂纹 4.0 级（1×）

4.4.1　裂纹缺陷特征和形成

　　内部裂纹发生在凝固前沿附近的凝固壳内，一般经过以下三个阶段：晶间拉伸应力作用到凝固界面上；拉伸应力超过其临界应力时，造成沿一次枝晶的晶界面开裂；富集溶质元素的钢水填充到这些裂缝中[15,16]。裂纹开口宽度大，有时偏析元素富集的钢液填充不满，沿裂纹打开观察，开裂面一般呈自由收缩、具有光滑特征。

　　连铸坯分表面裂纹和内部裂纹两种。1.4 节已列出表面裂纹缺陷，有表面纵裂、横裂和网状三种；内部裂纹有以下五种类型。

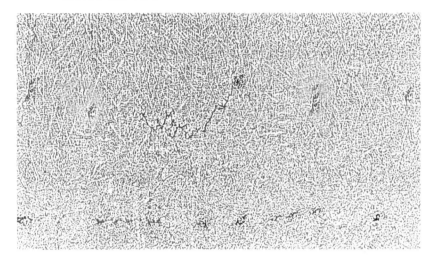

图 4-39　板坯中间裂纹缺陷 2.0 级（横向断面，1×）
（钢种为 Q235B（0.16% C、0.27% Si、0.66% Mn、0.018% P、0.013% S）；
规格为 230mm×1650mm 板坯；浇注温度为 1537℃；拉坯速度为 1.2m/min）

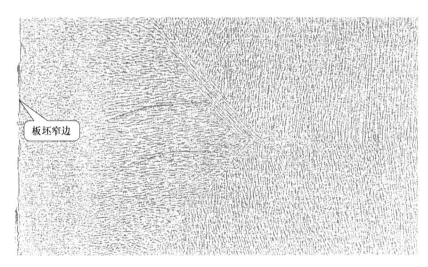

图 4-40　板坯三角区裂纹缺陷 2.0 级（横向断面，1×）
（钢种为 DC01（0.036% C、0.010% Si、0.250% Mn、0.010% P、0.006% S、0.036% Als）；
规格为 170mm×1278mm 板坯；浇注温度为 1548℃；拉坯速度为 1.70m/min）

（1）角部裂纹。角部裂纹距铸坯表面 5~10mm，长度 3~20mm 不等，开口宽度有时达到 1mm。

角部裂纹是在结晶器弯月面以下 250mm 以内产生的。裂纹首先在固液交界面形成，然后在拉坯过程中扩展。铸坯角部为二维传热，凝固散热最快，收缩最早，产生气隙后，传热减慢，坯壳生长减慢，坯壳变薄，鼓肚或脱方造成的拉应

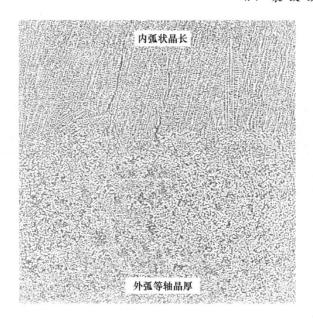

图 4-41 方坯中间裂纹缺陷 2.0 级（横向断面，1×）

（钢种为 09CuPTiRE-A；规格为 380mm×280mm 矩形坯；
浇注温度为 1572℃；拉坯速度为 0.75m/min）

图 4-42 方坯角部裂纹缺陷 2.0 级（横向断面，1×）

（钢种为 N80-V4（0.27%C、0.50%Si、1.56%Mn、0.015%P、0.004%S）；
规格为 380mm×280mm 矩形坯；拉坯速度为 0.70m/min）

力作用于坯壳薄弱处而产生角部裂纹。影响连铸坯角部裂纹的因素是钢水成分、结晶器液面波动和二冷制度。

（2）中间裂纹。对于板坯和方坯，中间裂纹在厚度方向上分布于连铸坯内、外弧侧的表面与厚度中心之间，长度 5 ~ 25mm，始端一般距铸坯表面 20 ~ 40mm。裂纹大都与柱状晶平行，沿一次柱状晶间分布，多呈线状、曲线状、"河流"状的特征，严重时在横向断面上有时呈"成簇状和团块闪电状"。

铸坯经过喷水段的强冷后进入辐射冷却区，铸坯中心热量向外传递，使铸坯表面温度回升，坯壳受热膨胀，对凝固前沿施加张应力。当某一局部位置的张力应变超过该处的极限值时，中间裂纹就会沿柱状晶间产生。铸坯表面温度回升越高，裂纹发生概率越大，因此，铸坯表面温度回升是铸坯产生中间裂纹的驱动力。影响连铸坯中间裂纹的因素还有拉速、辊缝精度和压下量。铸温越高、拉速越快、铸坯柱状晶越发达、晶间液膜杂质含量越高，越容易产生中间裂纹缺陷。

（3）皮下裂纹。方、圆坯皮下裂纹，距连铸坯表面 2 ~ 10mm，起源于细小等轴晶和柱状晶交界处，分布在皮下，是长度为 20 ~ 30mm 的细小弯曲状裂纹，并与连铸坯表面垂直。皮下裂纹距连铸坯表面较近时，热加工过程可能使其暴露到钢材表面，形成钢材表面裂纹缺陷。

皮下裂纹常因连铸辊间产生鼓肚变形或在二冷段内及进入空冷段时由于铸坯回热及相变应力而产生。

影响连铸坯皮下裂纹的因素有硫含量和拉速。

（4）三角区裂纹。三角区裂纹大多数都与内、外弧侧宽面平行，分布在窄边的柱状晶间，有时与宽边成一定角度（5° ~ 10°）。有的裂纹在三角区中角部垂直窄面，叫作角部三角区裂纹。

出结晶器不久的铸坯，在离铸坯侧面 150mm 的三角区内，刚凝固或未完全凝固的铸坯，高温强度差，受到侧面强烈冷却所产生的热应力、侧导辊位置不当或积渣产生的机械应力、铸坯弧面冷却不良导致的鼓肚应力和热应力、铸坯弧面支撑和夹持不良导致的鼓肚应力和机械应力，这些应力或总应力超过钢坯的高温强度时，就会产生裂纹。

（5）中心裂纹。中心裂纹分布在铸坯厚度的中心，其上往往有不连续或连续的中心小缩孔。中心裂纹通常与中心偏析、中心疏松和缩孔伴随发生。

铸坯中心液相穴在凝固点附近收缩或鼓肚产生中心偏析，分布在铸坯中心，严重的中心偏析对中心裂纹有直接影响。板坯中心裂纹发生在中心部位，平行于宽面，在断面上可观察到开口状的缺陷。中心裂纹的成因主要有：因拉速变化产生不均匀的凝固壳；凝固末期凝固通道的不均匀强冷；辊子配列不合理而在凝固通道上产生异常压力阻止了钢水的填充。影响中心裂纹的因素还有钢水过热度高，拉速与温度不匹配和辊缝开口度扩大。

4.4.2 裂纹缺陷形成机理

连铸坯裂纹形成是一个复杂过程，是钢液流动、传热、传质和凝固前沿高温力学性能及应力相互作用的结果。带液芯的高温铸坯在连铸机运行过程中产生裂纹的主要因素如下[17]：

（1）冶金学理论和高温力学性能是铸坯产生裂纹的内因：

1）晶界脆化理论。如浇注温度过高，会使柱状晶发达，甚至柱状晶"搭桥"，使凝固前沿产生延性和强度降低，晶界脆化，裂纹敏感性增大。

2）柱状晶区切口效应。在凝固前沿，柱状晶的根部，柱状晶间存在一个"缺口"，产生应力集中容易导致裂纹发生。

3）硫化物脆性。随着钢中硫含量增加，裂纹出现的概率也增加。由于 S 与 Fe 形成 FeS，其熔点较低（1190℃），并与 Fe 形成熔点更低（988℃）的共晶体，形成热脆性。

4）质点沉淀理论。铸坯在冷却过程中，AlN、Nb（CN）等质点在奥氏体晶界沉淀，增加了晶界脆性。

5）高温力学性能。从钢的熔点~1300℃为凝固脆性温度区（第Ⅰ区）。在高温区钢的热塑性下降，是因为在已凝固的柱状晶之间有液膜存在，这些液膜含溶质偏析成分较高，特别是 C、S、P 等偏析元素，使强度和伸长率降低。坯壳受到外力作用时，极容易在固液界面产生裂纹。

（2）外部应力作用是产生裂纹的外因：

产生裂纹的外因是应力作用，包括凝固过程固液界面受到的各种应力作用，如热应力、相变应力、弯曲应力、矫直应力、鼓肚应力、摩擦力和对中不良、导辊变形附加的机械应力等。

工艺参数、设备状态和技术操作是产生裂纹的外因，也是产生裂纹的条件，如图 4-43 所示。

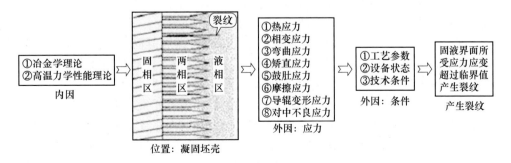

图 4-43　产生裂纹缺陷因素示意图

4.4.3 裂纹缺陷的影响因素

（1）化学成分。一般情况下，S、P 是钢中有害元素，溶质分配系数低，偏析系数高，容易在铸坯中心和树枝晶间产生偏析。当 S 元素含量不小于 0.015%，特别是不小于 0.020% 时，内裂纹很容易产生。生产实践证明，增加 Mn/S，从 5~30 随着比值增加裂纹减轻。随含碳量增加，临界应力、应变值逐渐降低，裂纹敏感性增加。

S、P、C 使柱状晶间的液膜凝固点降低，晶间液相量增大，脆性向低温区延伸，使钢零强度和零塑性温度均降低，钢的第 I 脆性温度区向低温方向移动，从而增加了裂纹的出现概率和裂纹长度。其中 S 的影响显著，尤其是对中间裂纹影响最大。

随着 Mn/Si 的增加，内裂纹出现的相对概率降低。特别是当 Mn/Si 大于 2.8 时，内裂纹出现的相对概率很小。如果钢中 Mn/Si 低，高熔点的 SiO_2 夹杂物增加，恶化钢水的流动性，夹杂物难以上浮。高熔点的 SiO_2 夹杂富集在柱状晶间，破坏金属的连续性和致密性，从而诱发内裂。

（2）过热度。过热度高，铸坯柱状晶发达，柱状晶间杂质元素增多，铸坯抵抗裂纹能力下降。

过热度高影响凝固坯壳的均匀生长，高温钢水也会熔化掉部分凝固坯壳，从而使凝固坯壳薄厚不均。特别是在水口不对中，钢流偏向一侧的情况下，凝固坯壳严重不均匀生长，给凝固界面前沿提供产生裂纹的薄弱环节，增加裂纹的敏感性。同时，过热度高，坯壳变薄，容易产生鼓肚缺陷。

另外，连铸机在高温下作业，机器精度容易恶化，一般要求过热度不超过 30℃为宜。

（3）二次冷却。二次冷却包括冷却强度和均匀性两个方面。二次冷却强度必须合理，过大会引起柱状晶发展，过小又会因坯壳太薄容易产生鼓肚，同时，冷却过慢会产生偏析，增加断裂因素。对二冷的第二个要求是铸坯表面温度要均匀，波动不超过 100℃/m，否则产生回温，回温是中间裂纹产生的驱动力。

二冷水流量、各段分配、喷嘴位置、角度、覆盖面积、喷嘴是否有堵塞及是否有损坏都能够影响二次冷却的强度和均匀性。

（4）拉坯速度。拉速波动能够引起坯壳厚度、坯壳凝固组织、坯壳末端凝固位置及高温力学性能发生变化。拉速过高、坯壳太薄、鼓肚倾向增大、铸坯高温力学强度降低，内部裂纹产生概率加大。

（5）凝固组织。柱状晶凝固组织具有方向性，偏析元素和夹杂物集中分布；而等轴晶无方向性，偏析元素和夹杂物分散。柱状晶对内部裂纹影响主要表现在：

1）柱状晶发达，柱状晶根部"切口效应"显著，容易产生应力集中，增加产生裂纹的敏感性。柱状晶的延长，影响裂纹向前延长和扩大，容易导致裂纹长度增加。

2）由于选分结晶，在柱状晶前沿富集溶质（熔点低）的钢水保留在柱状晶间，或被推到铸坯中心，对裂纹的产生有一定影响。富集溶质的钢水保留在柱状晶间，形成微观偏析，增加铸坯中间裂纹的敏感性。而中心宏观偏析严重，增加铸坯中心裂纹的敏感性。

（6）设备状态。导辊在高温下运行，要承受高温机械负荷作用，容易发生磨损、变形、弯曲、错弧或开口度变大，增加凝固前沿附加应力，增大裂纹倾向。由于中心裂纹发生在铸坯凝固末端，拉矫辊磨损对中心裂纹影响最大。

对于大方坯和厚板坯来说，断面面积大，刚出结晶器时坯壳薄，需要足辊和夹持辊支撑，但辊子开口度过大，在钢水静压力作用下容易产生鼓肚，而辊子开口度过小，增加拉坯阻力，都不利于防止裂纹的发生。

要求辊子弯曲度小于1.0mm；支承辊开口度公差为±0.5mm；相邻两个扇形段的接弧公差为±0.5mm；结晶器、零段、扇形段对中偏差要控制在合理范围内。

（7）电磁搅拌。

1）结晶器电磁搅拌（M-EMS）。

① 清洗铸坯表面凝固层，使坯壳生长均匀，改善铸坯表面质量。

② 均匀温度，降低过热度。

③ 去除夹杂和气体，提高铸坯纯净度。

④ 增加等轴晶凝固组织，改善铸坯凝质量。

⑤ 更新结晶器中钢/渣界面，有利于保护渣吸收上浮的夹杂。

2）二冷电磁搅拌（S-EMS）。

① 消除过热度，减轻凝固前沿温度梯度。

② 二冷电磁搅拌正是在柱状晶强劲生长区域，打碎柱状晶，增加液相穴等轴晶形核率。

③ 消除柱状晶"搭桥"，减少中心缩孔、中心疏松和中心偏析，对减少中间裂纹和中心裂纹很有效。

3）末端电磁搅拌（F-EMS）。凝固末端溶质浓度较高，通过搅拌使其分散，消除或降低中心偏析、中心疏松和缩孔，从而减少中心裂纹。

（8）动态轻压下。在凝固末端前采用动态轻压下，可以有效地消除或减轻中心裂纹、中心偏析、中心疏松和缩孔缺陷。

4.5 气泡缺陷

在铸坯横向和纵向低倍检验面上，沿柱状晶的生长方向伸长，位于连铸坯表面附近的大孔洞叫作气泡；孔洞细小的叫作气孔，气孔直径约1mm，长度在

10mm 左右；小而密的气孔叫作针孔。按它们所处的位置来分，把暴露在连铸坯表面的叫作表面气泡（气孔、针孔），而埋藏在皮下的叫作皮下气泡（气孔、针孔）。铸坯中的气泡，在轧制过程中若暴露在钢材表面，一般不会焊合，最终形成钢材表面裂纹缺陷。

气泡缺陷示意图如图 4-44 所示。

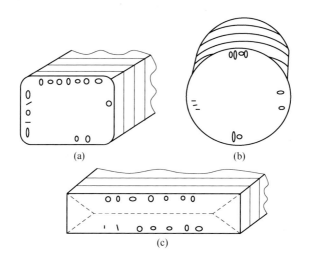

图 4-44　气泡缺陷示意图
(a) 方坯（或矩形坯）；(b) 圆形坯；(c) 板坯

气泡缺陷实物图如图 4-45 ~ 图 4-49 所示。其中，图 4-45 取自 YB/T 4339—2013，图 4-46 取自 YB/T 4340—2013。

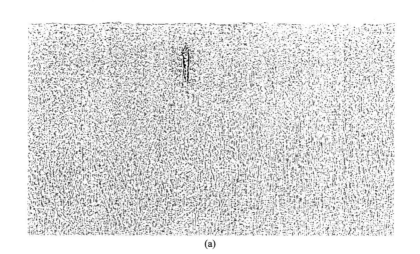

(a)

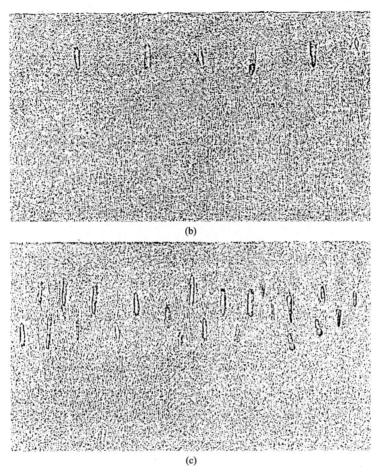

(b)

(c)

图4-45 板坯蜂窝气泡缺陷实物图（横向断面，1×）
（a）0.5级；（b）1.5级；（c）3.0级

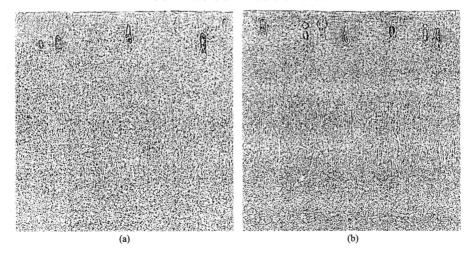

(a)   (b)

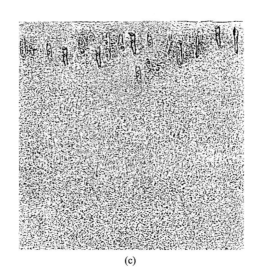

(c)

图 4-46　方坯蜂窝气泡缺陷实物图（横向断面，1×）

(a) 1.0 级；(b) 2.0 级；(c) 4.0 级

图 4-47　方坯蜂窝气泡缺陷低倍实物图 3.5 级（横向断面，1×）

（钢种为 45 钢（0.43%C、0.24%Si、0.60%Mn、0.010%P、

0.005%S）；规格为 230mm×1650mm 板坯）

铸坯检验面上的皮下气泡和皮下针孔气泡缺陷实物如图4-45~图4-49所示。随着钢水凝固过程的进行，树枝晶间液相中溶质元素（碳、氧、氮、氢）逐渐富集。当碳、氧富集到一定程度时，超出碳–氧平衡值，就会发生碳氧反应，生成CO气。同时，氮、氢富集到一定程度也会形成N_2、H_2气泡。随着凝固过程的进一步进行，这些气体逐步聚集，气体压强逐步增大，当大于钢水和环境总压力时产生气泡缺陷[18]。

铸坯皮下针气泡的主要来源是浸入式水口吹氩，在开浇等非稳态浇注时不吹氩未发现针状气孔缺陷，只要吹氩（或过大），铸坯中就存在皮下气孔气泡缺陷[19]，如图4-48所示。

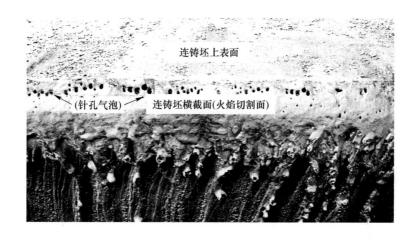

图4-48　板坯皮下针孔气泡缺陷火焰切面实物图（横向断面，1×）

（钢种为Q195铸坯；规格为230mm×1650mm板坯）

(a)

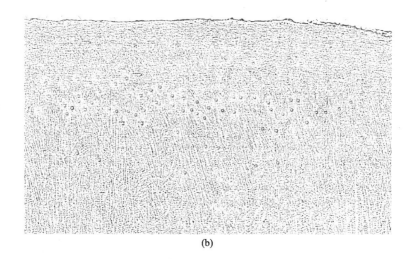

(b)

图 4-49　板坯皮下针孔气泡缺陷低倍实物图（不评级，横向断面，1×）

(a) 1 号试样；(b) 2 号试样

(1 号试样钢种为 S235JR（0.128% C、0.02% Si、0.488% Mn、0.013% P、0.003% S）；

规格为 170mm×1533mm 板坯；2 号试样钢种为中碳钢（0.13% C、0.02% Si、

0.49% Mn、0.013% P、0.003% S）；规格为 170mm×1533mm 板坯）

4.5.1　气泡缺陷的演变

由铸坯表面气孔或皮下气孔形成的热轧钢板表面缺陷如图 4-50 所示。

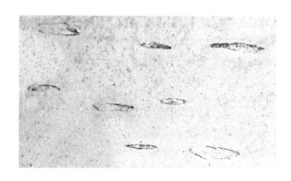

图 4-50　Q235B 热轧钢板表面缺陷实物图（1×）

某厂生产低碳低硅钢 SWRM6（$w(Si) \leqslant 0.03\%$）时，一部分线材产品表面出现了沿轧制方向分布的鱼鳞状翘皮缺陷，如图 4-51 所示，无法清理，只能判废[20]。线材的鱼鳞状缺陷是由于钢水脱氧不良，导致铸坯中存在皮下气泡而引起的。

图 4-51 SWRM6 线材鱼鳞状缺陷实物图 (1×)

4.5.2 气泡缺陷产生的原因

根据炼钢理论及前人积累的经验，连铸过程产生气泡（包括气孔、针孔）的来源有 3 种[21,22]：脱氧不良、外来气体和水蒸气。

4.5.2.1 脱氧不良生成 CO 气泡

在 1500℃ 左右，钢液中与 [O] 优先发生反应的元素依次为 Ca、Ba、Re、Al、Si、C、V、Mn、Fe、P、Cu，其中 Si 与 C 相当，[C]、[Si] 会与 [O] 同时发生反应。因此，当钢中存在 [O] 时，发生碳氧反应必须是排在 [C] 元素前的强脱氧剂 [M] 与 [O] 反应达到平衡时或者说其含量较少时。钢中的 [O] 和 [C] 生成 CO 气体，可由下式表示：

$$[C] + [O] \xrightarrow{\hspace{1cm}} CO \uparrow$$

这是生成 CO 气泡必要条件（第一个条件）。

CO 气泡生成的第二个条件是系统压力的影响，可由下式表示：

$$p_生 = p_阻$$

$$p_生 = p_{CO} + p_{H_2} + p_{N_2}$$

$$p_阻 = p_{环境压强} + p_{钢水静压强} + p_{附加压强}$$

当 $p_生 > p_阻$，也就是当钢水刚注入结晶器时，钢水静压力小，容易形成 CO 气泡；随着拉坯过程的进行，钢水静压力逐渐增大，当 $p_阻 > p_生$ 时，则抑制 CO 气泡的生成。因此，钢水刚注入结晶器时产生 CO 气泡，当钢液下降到结晶器液面以下某个深度，钢水静压力增加到一个临界值，刚好抑制了 CO 气泡的生成。解剖连铸坯的矩形横截面，会发现气泡只存在于横截面的外框，而横截面中心，存在一个矩形，完全没有气泡。这种现象证明是钢水刚注入结晶器时 ($p_生 > p_阻$ 时），脱氧不良生成的 CO 气泡。

4.5.2.2 外来气体的气泡

若连铸过程钢水淌开浇铸，钢流表面与大气直接接触，或保护浇铸装置有缝隙产生负压，导致吸入空气，钢水则发生二次氧化。钢中吸入大量空气，空气中的氧分子、氮分子溶解进入钢中，增加了钢中 [O]、[N] 含量，而空气中的二氧化碳会部分地与钢中 C、Si、Mn、Al 等发生反应，生成金属氧化物和 CO 气体。钢液吸入空气导致二次氧化产生 CO 气泡的行为与钢水脱氧不良产生 CO 气泡的行为相同。未溶解的空气以气泡的形式进入钢液，其行为与氩气等保护性气体相似。溶解在钢液中的小部分氮、氧、氢等原子，当与钢中已经存在的气泡边界接触时，也会以原子形式扩散至气液界面，形成氮、氧、氢分子，进入气泡。

氩气也是连铸外来气体，从中包的塞棒、中包上水口透气砖、中包上下水口缝隙等位置进入钢水中的氩气，随钢流进入结晶器。一方面，氩气防止了水口结瘤，抑制了组合式水口吸入空气导致的二次氧化；另一方面，氩气泡从结晶器钢液的逸出活跃了结晶器保护渣，再者是，氩气泡一边随钢流运动，一边向上浮出，加速了钢液中夹杂物的上浮。但是，进入结晶器的氩气泡，被黏稠钢液捕捉，会导致铸坯形成气泡。

4.5.2.3 水蒸气的气泡

精炼过程中添加的合金、造渣料、大中包覆盖剂、结晶器保护渣，如果含有水分，其中的绝大部分水会分解成 [H]、[O] 进入钢液。为此，必须保证合金料的干燥或采取烘烤措施，保证进厂的覆盖剂、保护渣的水分在 0.5% 以下，防止受潮。

耐火材料中的水分，主要指中包等耐火材料烘烤不干，在浇注的前一阶段（主要是连浇炉的头几块坯或第一炉），水蒸气全部进入钢中变成 [H]、[O] 原子。最后，若形成气泡，其化学成分以 CO 和 H_2 为主，而且，其气泡的特点是：只有浇次的头一炉的头几支坯出现气泡，越到后面，气泡越少。

4.5.3 气泡缺陷的影响因素

（1）冶金辅料的干燥。大中包覆盖剂、精炼添加的合金、造渣料、结晶器保护渣等冶金辅料，一定要干燥好再用，如果含有水分（>0.5%），其中的绝大部分水会分解成 [H]、[O] 进入钢液，容易产生气泡缺陷。

（2）耐火材料的干燥。这主要指中包等耐火材料烘烤、干燥，防止潮湿。如果耐火材料潮湿，在浇注开始时，水蒸气全部进入钢中变成 [H]、[O] 原子，最后生成 CO 和 H_2 形成气泡缺陷。

（3）引锭材料。铁屑、冷却弹簧或冷却方钢不能受潮和生锈，引锭纸绳不能受潮。

（4）拉速和吹氩量。随着拉坯速度增加，结晶器流股的冲击力增强，钢液流股对气体的破碎作用增大，导致气泡数量急剧增多，尺寸减小，不利于气泡上浮。

吹氩量的大小直接影响气泡的产生，当氩气通过上水口吹入结晶器时，由于受到钢液的剪切作用，会形成许多具有较小尺寸的气泡，吹氩量增大，气泡数量增多。

过强吹氩，气泡尺寸太小，不利于夹杂和气泡上浮。

（5）钢水中氧含量。从上面分析可知，钢水中氧含量与铸坯气泡缺陷的形成有直接关系，过氧化造成脱氧不良是形成气泡的直接原因。

要求转炉冶炼高拉碳，防止过度后吹，减少后期反复拉碳次数，钢水终点碳含量应不小于 0.035%。出钢时进行挡渣操作，防止出钢下渣，渣中的 FeO + MnO 含量应保持在 14% ~ 18% 范围内。加 Al 钢 $w[Als] > 0.010\%$，$w[Als]$ 不能 ≤0.003%。

（6）防止外部气体侵入。连铸淌开浇注时，钢流表面与大气直接接触，或长水口保护浇注装置有缝隙产生负压吸入空气，钢水则发生二次氧化，钢中吸入大量空气，成为气泡源。

为了防止水口堵塞浸入水口吹氩，但吹氩不要过多，压力不要过大。钢包、中包吹氩防止液面裸露。

（7）浸入水口插入深度和结构。浸入水口插入深度增加或侧孔向下偏斜角度增大，流股冲击深度增大，气泡在结晶器内被带入深度增大，上浮概率减小，增加了气泡被捕捉的机会。

（8）防止过热度过高。由气泡形成的动力学可知，气泡半径 r 与两相区宽度 $(X_1 \sim X_2)$ 成正比例关系。当钢液的过热度大时，两相区的温度梯度增大，宽度减小。两相区宽度 $(X_1 \sim X_2)$ 减小，导致气泡半径减小，不易上浮排除，残留在钢中形成气泡缺陷。气泡形成的动力学公式如下：

$$r = \frac{\dfrac{\beta}{\beta-1}\eta R(X_1 - X_2)}{\rho H + \dfrac{2\delta}{r} - p_g}$$

式中　r——气泡半径；

　　　β——凝固收缩系数；

　　　η——钢液黏度；

　　　R——树枝晶生长速度；

$X_1 - X_2$——两相区之间的宽度；

　　　ρ——钢液密度；

　　　H——钢液面高度；

　　　δ——钢液表面张力；

　　　p_g——凝固前沿母液中富集气体的平衡分压。

降低钢水过热度，采用接近凝固点的温度进行钢水浇注，可有效增加两相区宽度 $(X_1 \sim X_2)$，从而增大气泡半径，促进气泡上浮溢出，减少铸坯气泡的发生[23,24]。统计表明，钢水过热度超过 30℃ 时，出现气泡的概率比正常过热度时高出 3 ~ 4 倍。

(9) 保护渣绝热性能。良好的保护渣绝热性能对预防针孔缺陷的产生也十分重要。保护渣粉渣层及液渣层较薄，保护渣起不到良好的绝热保温作用，弯月面钢水温度较低，造成弯月面处坯壳形成过早，钢中气泡来不及上浮排出，在凝壳皮下形成气泡[25,26]，如图 4-52 所示。根据这一情况进行保护渣试验，液渣层由原 6mm 提高到 10mm，消耗量达到 0.5kg/t，使用效果良好。

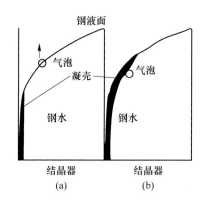

图 4-52　保护渣绝热好坏对弯月面钢水温度的影响[26]
(a) 绝热好；(b) 绝热不好

(10) 防止浇次头坯气泡缺陷。

1) 结晶器堵引锭材料不良。在连铸开浇时，由于结晶器堵引锭材料生锈、有油污和灰尘等，带来的水蒸气分解产生 [H] 和 [O]，当钢水凝固时，钢中的 [C] 和 [O] 发生反应生成 CO 气体，就会在铸坯头部产生气泡缺陷。

2) 中间包烘烤操作不佳。打水冷却中间包残钢时，不按规程要求操作，打水过多，造成工作层砖被水浸透，即使按要求表面烘烤烘干了，但并未烤透，造成开浇或换包时头几块铸坯产生气泡缺陷。

中间包烘烤不干，随着浇注次数增加，气泡缺陷呈现明显降低的趋势。

4.6　夹杂物缺陷

钢水原始氧含量包括钢水脱氧前钢中自由氧含量及渣中的全氧含量，它们是氧化物夹杂形成的主要来源。脱氧前钢水中的自由氧含量对钢中非金属夹杂物有直接的影响，钢水中自由氧含量越高，钢中形成的氧化物夹杂就越多。渣中的低级氧化物如 FeO、MnO 等与钢水脱氧剂铝等进行反应，形成非金属夹杂物。反应如下：

$$Mn + FeO \longrightarrow Fe + MnO$$
$$Si + 2FeO \longrightarrow 2FeO + SiO_2$$

$$2Al + 3FeO \longrightarrow 3Fe + Al_2O_3$$

可见，渣中 FeO、MnO 等是钢中氧化物夹杂来源之一。

溶解在钢水中的氧、硫和氮杂质元素，在钢水降温、凝固时，从液相或固溶体中析出，最后留在钢中，也是内生夹杂物。

内生夹杂物的出现在炼钢过程不可避免，但内生夹杂物颗粒细小，弥散分布，在含量较少的情况下，一般对钢材的使用性能（力学性能）或工艺性能影响不大。

外来夹杂物是钢在冶炼过程中与外界物质接触发生作用产生的夹杂物，如炉渣、中包渣、结晶器保护渣和耐火材料。外来夹杂物颗粒粗大，无固定形状，成分复杂，无规律性，偶然出现，对钢材性能危害很大。

4.6.1　夹杂物缺陷产生方式与原因

夹杂物缺陷示意图如图 4-53 所示。

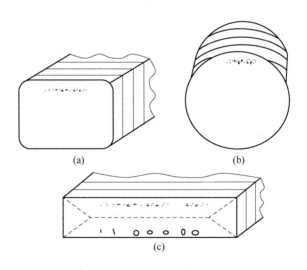

图 4-53　夹杂物缺陷示意图
（a）方坯（或矩形坯）；（b）圆形坯；（c）板坯

夹杂物缺陷实物图如图 4-54 ~ 图 4-59 所示。其中，图 4-54 取自 YB/T 4339—2013。

在连铸坯检验中偶尔会遇到夹渣缺陷，夹渣呈现白色，尺寸较大，与基体有明显界线，属于结晶器卷渣外来夹杂物，如图 4-55 所示。

通过卷渣实验发现卷渣方式主要有两种[27]：

（1）漩涡卷渣。在浸入式水口附近及结晶器中心处存在漩涡。其形成机理：

1）在结晶器出口处，水口出口对中不良、水口堵塞或水口冲蚀造成水口两

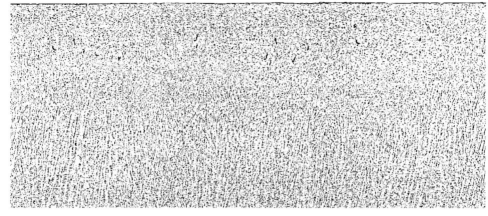

(a)

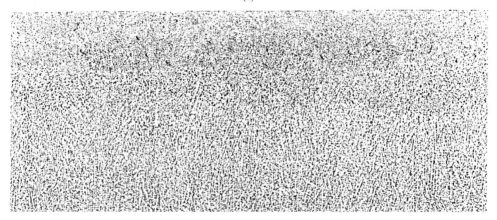

(b)

(c)

图 4-54 板坯 Al_2O_3 夹杂物缺陷实物图（横向断面，$1 \times$）

（a）0.5 级；（b）1.0 级；（c）3.0 级

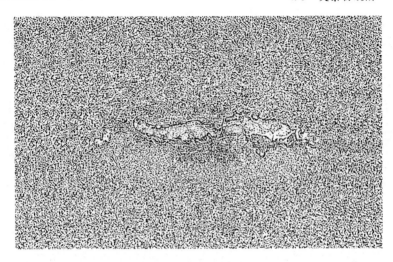

图 4-55　板坯夹渣缺陷实物图（不评级，横向断面，1×）

侧流股的出口速度和方向不对称，从而使两个上回流股在水口附近产生相互作用。当两流股的速度差达到一定值时，速度较小的一侧将产生旋转流动，进而产生漩涡。这种漩涡把保护渣卷入钢液内部形成夹渣缺陷。

2）由于射流从水口流出时形成负压，导致在水口两侧形成汇流漩涡，汇流漩涡把渣带入钢液中，被凝固钢液捕捉，形成卷渣缺陷。

（2）结晶器窄面卷渣。即在结晶器弯月面附近由于形成驻波而产生的剪切卷渣。形成机理：从水口喷出的流股与窄面相碰后形成上、下两个流股，沿窄面向上的流股因具有向上的速度，必造成弯月面附近的钢液面波动。钢流在由窄面向中心流动时对钢－渣界面产生剪切作用，使一部分保护渣在此流股方向上被延伸。由于浮力的作用，渣须的上部产生径缩和翘曲，径缩处的直径随渣须的伸长越来越细，最后断裂成渣滴。此渣滴被卷入钢液有可能被凝固坯壳的前沿捕捉，形成皮下夹渣。

另外，氩气泡冲击钢－渣界面也能引起卷渣。为了防止水口黏结、堵塞，浇注冷轧钢种时一般向浸入式水口吹入氩。当钢水流出浸入式水口后，钢水中混入的氩大部分不会随钢水流流向结晶器窄面，相当部分的气泡会脱离主流股而直接浮向表面。当氩气泡到达钢液－保护渣界面时，气泡的破裂和气体的逸出对钢－渣界面产生强烈的搅动，在液面波动和上回流区的作用下，部分渣滴脱离保护渣液渣层进入钢液中，若其不能及时上浮回到液渣层，就将被钢液裹挟从而形成卷渣。当氩流量较大、水口浸入深度较浅、水口出口倾角下倾角度较小时易发生此类卷渣[28]。

根据保护渣卷入机理的分析，可以采取以下措施防止卷渣的发生：

（1）适当降低拉速，减少漩涡和剪切卷渣。

（2）水口出口向下的夹角减小，液面波动增加，对卷渣影响增大。

（3）增加水口浸入深度，确保液面稳定。

（4）适当减少氩气流量，减少气泡对渣层的搅动。

（5）采用电磁制动技术。

连铸坯中偶尔出现异金属夹杂，也叫作金属外物。异金属夹杂在枝晶腐蚀试片上，显示出的颜色和形貌与金属基体完全不同，且形状不规则。异金属夹杂与铸坯金属基体界线比较清晰，如图 4-56 所示。

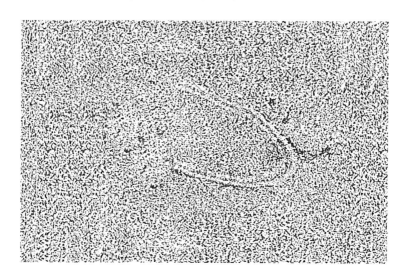

图 4-56   板坯异金属夹杂缺陷实物图（不评级，横向断面，1×）

（钢种为 K16MnL；规格为 150mm×1200mm 板坯）

异金属夹杂破坏铸坯和钢材组织的完整性，属于不允许存在的缺陷。

异金属夹杂往往是浇注过程中外面金属偶然掉入结晶器中造成的。如扒渣棍熔断掉入结晶器中，产生异金属夹杂缺陷。后来人们使用木质扒渣棍代替铁质扒渣棍。

图 4-56 所示异金属夹杂缺陷可能是连铸扒渣棍熔断掉入结晶器中造成的。

图 4-57 取自 YB/T 4340—2013。

图 4-58、图 4-59 取自生产检验。

4.6.2   内弧侧夹杂物聚集带

在连铸坯厚度方向上，夹杂物在距离铸坯表面 1/4 和 1/3 处出现聚集，反映了弧形板坯连铸机夹杂物分布的基本规律[29]，即在铸坯表面和中心夹杂物相对较少。铸坯中夹杂物数量和分布主要取决于连铸机的机型。弧形连铸机在内弧侧 1/5~1/4 厚度形成夹杂物集聚带，这是弧形连铸机的一个缺点。

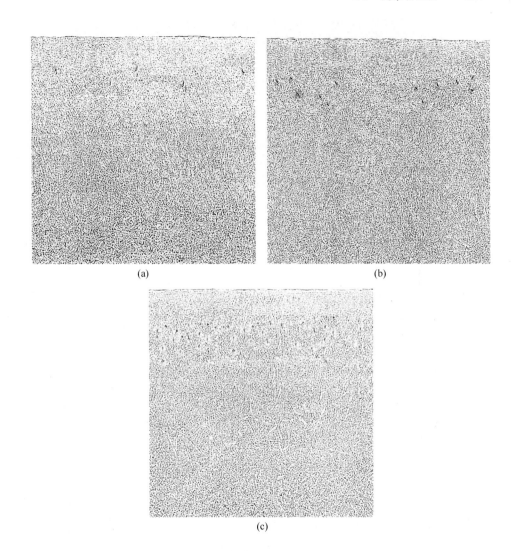

图 4-57 方坯夹杂物缺陷实物图（横向断面，1×）
(a) 1.0级；(b) 2.0级；(c) 4.0级

4.6.3 铸坯窄面夹杂物聚集

在板坯中，夹杂物多集中在窄面附近的位置，而在水口下方很少有夹杂物被捕捉。这是因为在水口出口处钢液分上循环和下循环两个流股，对夹杂物产生的拽力较大，大部分夹杂物会跟随钢液运动到窄面，夹杂物沿着窄面向上和向下流股运动过程中被凝固坯壳捕捉，导致窄面附近夹杂物集聚带，而在水口出口处没有夹杂物集聚的现象。

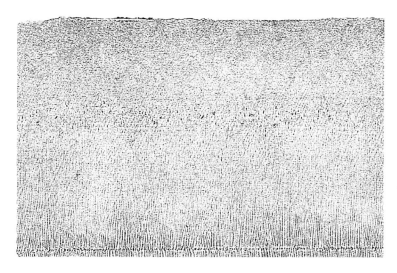

图 4-58　板坯非金属夹杂物 2.0 级（横向断面，1 ×）

（钢种为 DSB（0.0015% C、0.01% Si、0.17% Mn、0.014% P、0.009% S、0.029% Als）；

规格为 170mm × 1310mm 板坯；中包温度为 1568℃；拉速为 1.8m/min）

4.6.4　钢流冲击深度对夹杂物分布的影响

　　夹杂物的集聚与钢流冲击到铸坯内液相穴深度有关。下循环钢流在液相穴冲击深度越深，夹杂物集聚位置移向铸坯中心分布，其分布范围趋向越宽，同时进入钢水中的夹杂物被铸坯捕集的比例也越大[30]。

　　研究证明，直孔长水口浇注比敞开浇注情况下的夹杂物污染度高，而且集聚峰值向铸坯厚度中心移动，这完全符合上述观点。直孔长水口促使铸流向铸坯内侵入深度加深，增大"容易捕捉区"面积，从而夹杂物集聚量增加，使集聚峰值向中心移动。研究表明，敞开浇注时，夹杂物的集聚峰值出现在距内弧表面 14 ~ 27mm，直孔长水口浇注时集聚峰值移到距内弧表面 42 ~ 55mm 处。

　　对于弧型铸机，浸入式水口侧孔向下角度越大，夹杂物侵入铸坯深度越深。

4.6.5　常见内生夹杂物

　　（1）铝镇静钢（Al-K）。用过量 Al 脱氧，常见的内生夹杂物是 Al_2O_3，颗粒细小为 1 ~ 5μm，经碰撞长大后可达 5 ~ 20μm。

　　（2）硅镇静钢（Si-K）。为了避免 Al_2O_3 夹杂，用硅、锰脱氧，常见的内生夹杂物是硅酸锰 $MnO \cdot SiO_2$ 或 $MnO \cdot SiO_2 \cdot Al_2O_3$。

　　（3）钙处理铝镇静钢。向钢水喂入硅钙芯线，常见的内生夹杂物是铝酸钙。例如，这种脱氧工艺适用生产低碳（$w[C] < 0.06\%$）、低硅（$w[Si] \leqslant 0.03\%$）

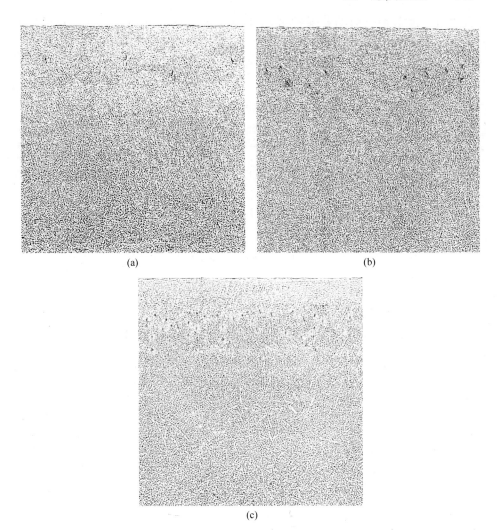

(a)

(b)

(c)

图4-59 方坯非金属夹杂物2.0级（横向断面，1×）
钢种为St12（0.025%C、0.14%Mn、0.011%P、0.005%S、0.025%）；
规格为170mm×1459mm板坯；中包温度为1560℃；拉速为1.6m/min

深冲钢和IF钢。采用喂钙线可以使Al_2O_3变性，形成钙铝酸盐。

（4）镁处理铝镇静钢。常见的内生夹杂物是铝酸镁$MgO \cdot Al_2O_3$。

（5）MnS夹杂物。MnS夹杂是钢中常见的内生夹杂物，是钢液在降温时形成的，分布在枝晶间和铸坯厚度中心。

4.6.6 外来夹杂物来源

（1）炼钢原材料。铁水和废钢炼钢主料和石灰、萤石、白云石、合成造渣剂及炉渣、覆盖剂、结晶器保护渣和各种铁合金及脱氧剂含炼钢辅料中的夹杂物。

（2）渣料。炉渣和钢包渣被带到钢水中成为外来夹杂物。

（3）耐火材料。耐火材料带来外来夹杂。钢液与耐火材料接触，受到钢液冲刷和高温侵蚀，耐火材料进入钢液形成夹杂物。

（4）空气二次氧化。钢液在出钢和浇注过程中空气氧化形成的夹杂也是外来夹杂。

综上所述，与模铸相比，连铸坯中非金属夹杂物有两个突出特点，一是来源广，二是上浮分离困难。来源广是因为钢水与耐火材料接触（钢包、钢包水口、中间包包衬、塞棒、中包水口、浸入式水口等）机会多，同时钢水暴露在空气中的面积大，氧化严重，使钢水洁净度降低。上浮分离困难是因为结晶器中夹杂物的上浮被连铸坯的向下移动所抵消，而弧形铸机出结晶器后就失去夹杂物上浮机会。模铸夹杂物上浮条件优于连铸。

4.6.7　夹杂物缺陷的辨别

连铸坯中夹杂物组成复杂，很难确切区分属于哪种来源，但从夹杂物组成的成分、尺寸大小和形貌来分析，可以对其大致做个定性鉴别。

（1）脱氧产物。一般情况下，脱氧产物尺寸小，只要分布均匀，对铸坯和钢材影响较小。

（2）空气二次氧化产物。二次氧化的氧来自空气，其供应源源不断，是无限的。氧与 Al 作用的同时，还可与 Si、Mn 反应。如果反应时间够长的话，钢液中 Al 消耗殆尽后，Si 和 Mn 继续与氧作用，Si 和 Mn 全部耗尽后，甚至一部分 Fe 也能被氧化。因此最终形成的夹杂物颗粒大（$\phi \geqslant 50\mu m$），Al 含量较低，Si、Mn 含量较高（>60%），甚至还有可能含有铁，可以判断夹杂物是钢水被空气二次氧化造成的。

（3）来源结晶器保护渣。夹杂物中含有 K、Na 元素，说明是由于结晶器保护渣卷入钢水造成的。此种夹杂物尺寸较大，成分复杂。

（4）来源于外来夹杂物。夹杂物中除 Si、Al、Mn、O 外，Ca、Mg 含量较高，尺寸较大，呈各种形状的脆性夹杂，多半来源于炉渣和耐火材料。

4.6.8　斯托克斯碰撞与夹杂物上浮

在中包中，夹杂物颗粒上浮速度与其大小有关。大颗粒夹杂物上浮速度快，可能追赶上小颗粒夹杂物而与之碰撞成更大的颗粒，这种碰撞称斯托克斯（Stokes）碰撞。碰撞后形成更大颗粒的夹杂，按下列斯托克斯上浮公式[31]，一直上升到钢液表面，被渣层吸收。

$$v_s = \frac{(\rho_m - \rho_s)gd^2}{18\mu}$$ (4-1)

式中 v_s——夹杂物上浮速度，cm/min；

ρ_m——钢液的密度，g/cm^3；

ρ_s——夹杂物的密度，g/cm^3；

g——重力加速度，m/s^2；

d——夹杂物的直径，μm；

μ——钢液黏度系数，g/(cm·s)。

夹杂物上浮速度和夹杂物从中间包底部上浮到钢渣界面时间按斯托克斯上浮公式计算[31]。

斯托克斯上浮公式仅适用于在中包内雷诺数 $Re \leqslant 2$、静止状态或层流状态下使用。如果雷诺数发生变化，要对斯托克斯上浮公式进行修正。

当认为式（4-1）中 g 和 μ 为常数时，在 $\rho_m - \rho_s$ 不变的情况下，斯托克斯上浮公式可以改写成：$v_s = Kd^2$，即夹杂物上浮速度 v_s 与夹杂物直径的平方成正比。

4.6.9 防止夹杂物缺陷的措施

（1）铁水预处理。理论和实践都证实，铁水脱硫、脱磷（包括脱硅）比钢水更容易、更彻底，是保证钢水质量有效措施。用此法铁水硫含量可降到 0.005%。

（2）转炉冶炼。

1）终点控制。必须从源头上降低转炉终点的氧含量，以便减少钢中夹杂物。减少补吹，提高一次命中率，有助于降低终点氧含量。因为补吹使钢、渣的氧、氮含量迅速提高。

2）挡渣出钢。在连铸过程中，钢包渣和钢水有较长时间接触，钢渣对钢水的污染严重。在出钢过程中，高 FeO 渣子被钢流卷入钢包内部，悬浮的渣滴与钢水中 Al、Si、Mn 等元素发生化学反应，使铸坯中夹杂物增加。为此广泛采取挡渣出钢，力争把渣中 FeO + MnO 降到 5% 以下，甚至降到小于 2%。

3）渣洗脱硫。在转炉出钢过程中进行渣洗脱硫，降低钢水硫含量，是抑制硫化物夹杂危害最直接的手段。渣洗是利用高碱度液态脱硫渣与钢水充分接触进行脱氧和脱硫，为后续钙处理创造条件。

（3）炉外精炼。

1）钢包吹氩搅拌。此法使钢包中钢水成分和温度均匀，通过搅拌促使夹杂碰撞、聚集长大，上浮到渣层被吸收，并去除钢中气体 [N]、[H]、[O]。

2）变性处理。

① Al$_2$O$_3$ 变性。采用合成渣精炼或向钢水喂入硅钙芯线的办法来使 Al$_2$O$_3$ 夹杂改变形态。当 $w(Ca/Als) > 0.13\%$ 时，可保证 Al$_2$O$_3$ 夹杂全部变性，形成低熔

点钙铝酸盐，如 $12CaO \cdot 7Al_2O_3$ 钙铝酸盐，促进夹杂物上浮。

② MnS 变性。在钢水凝固过程中提前形成的高熔点 CaS 质点，可以抑制钢水在此过程中生成 MnS 的总量和聚集程度，并把 MnS 部分或全部改性成 CaS，即形成细小、单一的 CaS 相或 CaS 与 MnS 的复合相，改变 MnS 的组成和性质，减少长条形 MnS 的数量，提高钢材的韧性、塑性、疲劳强度。

（4）保护浇注。为了避免钢水与空气接触，通常采用保护浇注，即钢包到中间包用长水口，并用氩气保护，以有效地隔绝钢水与大气的接触，减少高温钢水的吸氧，减少钢中氧含量及非金属夹杂物含量。中间包 – 结晶器用浸入式水口或氩气保护，气封。钢包有顶渣，中包加覆盖剂，结晶器加保护渣，都能对钢水起到保护作用。

（5）结晶器冶金。结晶器流场对夹杂物上浮有较大影响。浸入水口插入深度过浅、下倾角太小和拉速过快容易产生卷渣现象；但水口插入太深、下倾角过大影响夹杂物上浮。通过塞棒或水口向结晶器吹氩，有利于夹杂物上浮。浸入水口吹氩，应增加 10 ~ 15mm 插入深度，不要插偏。

结晶器保护渣均匀覆盖在结晶器的液面上，形成粉渣层、烧结层和液渣层三层结构。其作用是隔绝空气，防止钢水面氧化；绝热，防止钢水冻结；吸收钢水中上浮夹杂；润滑铸坯表面。要求渣中 $w(FeO) < 4\%$，Al_2O_3 也不能太高。

（6）中间包冶金。使用大容量深熔池的中间包，延长夹杂物上浮时间。在中间包中长水口下面可以安装喘流器，保证浇注稳定。

1）挡墙、坝。中间包使用挡墙、坝、阻流器控制钢水流动，优化中间包钢液流场，消除中间包内部的短路流，同时挡墙还能将钢包注流冲击所引起的涡流限制在局部区域，使中间包水口处钢液流动明显趋于平稳，流线加长，有利于夹杂物排除，防止紊流扩散引起表面波动将渣子卷入钢水内部。

2）过滤器。用过滤器强制吸附夹杂物，对去除钢中细小的夹杂物很有效。

3）磁旋转离心器。用磁旋转离心器，所有密度小的夹杂物和气体受到离心力的作用上浮，被钢渣吸收去除。

4）吹氩。吹氩气可以减少夹杂物，但要严格控制吹气流量。

5）高碱度覆盖剂。使用高碱度覆盖剂吸收夹杂物，减轻耐火材料的侵蚀。中间包覆盖剂在中间包冶金中起重要作用。覆盖剂有酸性、中性和碱性三种，推荐使用双层渣。

（7）减少氮含量。

1）增氮。吹氩前到吹氩后增氮是吹氩引起钢液面裸露的原因。

2）氩气保护不良和空气混入增氮。中间包增氮是因长水口氩气保护不良或因某种原因造成敞开浇铸，造成空气混入。

3）结晶器液面波动增氮。这是因为结晶器液面波动造成钢水与空气接触。

参 考 文 献

[1] 余鲁，赵吉宏，刘栋林. 35CrMoA 连铸坯中心疏松原因分析及防范措施 [J]. 江苏冶金，2005（4）：17～19.

[2] 钟莉莉，郭晓波，袁晓青，等. AH32 船板超声波探伤不合格原因探讨 [J]. 冶金丛刊，2008（6）：1～4.

[3] 苏春霞，陈本文，付超，等. 25SiMn2 钢部分 170mm 连铸板坯吊运断裂原因分析和改进措施 [J]. 特殊钢，2014，35（4）：34～36.

[4] 姜锡山. 特殊钢铁缺陷分析与对策 [M]. 北京：化学工业出版社，2006：125～133.

[5] 安志广，李学民，王子然. 连铸方坯疏松缺陷的分析与控制 [J]. 河北冶金，2010（3）：53～56.

[6] 姚桢，梁兆华，李全智，等. 高碳钢连铸坯中心偏析的控制与改善 [J]. 江西冶金，2011，31（1）：1～4.

[7] 田陆，包燕平，黄郁君. 凝固组织对连铸板坯中心偏析的影响 [J]. 北京科技大学学报，2009，31（S1）：164～167.

[8] 许志刚，王新华，黄福祥，等. 管线钢连铸板坯的半宏观偏析和凝固组织 [J]. 北京科技大学学报，2014，36（6）：751～756.

[9] 黄拓，任金朝，马忠伟，等. GCr15 轴承钢 ϕ380mm 连铸圆坯 V－偏析的宏观与微观形貌分析 [J]. 特殊钢，2014，35（4）：48～51.

[10] 赵航，李铮. 连铸钢坯上白亮带的形成机制 [J]. 钢铁研究学报，2000（1）：75～76.

[11] 叶枫. 对连铸方坯低倍检验中"缩孔"评级的思考 [C] //中国金属学会连续铸钢分会. 第六届连续铸钢全国学术会议论文集. 中国金属学会连续铸钢分会：中国金属学会，1999：5.

[12] 黎建全，李桂军，张健，等. 连铸 HRB400 钢中心缩孔的成因与对策 [J]. 连铸，2011（S1）：392～395.

[13] 张克强，齐振亚，王长栓，等. 高碳钢方坯连铸中心缩孔去除 [J]. 钢铁，2004（1）：27～29.

[14] 周世峰. 板坯三角区裂纹分析与控制 [J]. 连铸，2005（06）：33～34.

[15] 修立策. 板坯内部裂纹形成机理的探讨 [J]. 安徽工业大学学报，2005，22（4）：676～680.

[16] 马兴云，国秀元，谢中坤，等. 连铸板坯内裂纹的产生原因及对钢板质量的影响 [J]. 连铸，2003（1）：39～41.

[17] 蔡开科，孙彦辉，韩传基. 连铸坯质量控制零缺陷战略 [J]. 连铸，2011（S1）：288～298.

[18] 王坤，张炯明，王立峰，等. 超低碳钢铸坯皮下气泡缺陷产生原因分析及控制措施 [J]. 上海金属，2015，37（2）：19～22.

[19] 陈志平，朱苗勇，文光华，等. 连铸板坯浸入式水口吹氩工艺研究 [J]. 钢铁，2009，44（7）：28～31.

[20] 金赵敏，贾国军，张小平. SWRM6 鱼鳞状缺陷成因分析 [J]. 浙江冶金，2004（1）：16～18.

[21] 肖寄光, 王福明. 连铸坯中气泡产生原因分析及判断方法 [J]. 宽厚板, 2006 (2): 32 ~ 36.

[22] 何矿年. 连铸板坯气泡问题初探 [J]. 南方金属, 2006 (5): 19 ~ 21.

[23] 邵大庆, 王子然. 连铸方坯气泡缺陷的分析与预防 [J]. 河北冶金, 2007 (6): 40 ~ 43.

[24] 李积鹏, 马杰, 张有余. HP295 焊瓶钢铸坯皮下气泡的成因分析及防止措施 [J]. 中国冶金, 2006 (10): 20 ~ 21 + 28.

[25] 王健, 吴锋, 陈良, 等. 莱钢转炉生产 45 号钢顶锻裂纹原因分析 [J]. 山东冶金, 2007 (S1): 68 ~ 70.

[26] 侯志慧, 韩萍. 37Mn5 圆坯表面气孔原因分析与控制 [J]. 天津冶金, 2013 (3): 10 ~ 12 + 18.

[27] 齐新霞, 岳峰. 板坯连铸结晶器钢液卷渣现象研究 [J]. 河南冶金, 2003 (2): 12 ~ 14.

[28] 陆巧彤, 杨荣光, 王新华, 等. 板坯连铸结晶器保护渣卷渣及其影响因素的研究 [J]. 钢铁, 2006 (7): 29 ~ 32.

[29] 刘林飞, 刘守平, 周上祺, 等. Q235 连铸板坯中非金属夹杂物的分析 [J]. 重庆大学学报 (自然科学版), 2006 (2): 72 ~ 75.

[30] 姚留枋, 孙长悌, 朱果灵, 等. 弧型连铸板坯非金属夹杂物的分布 [J]. 钢铁, 1982 (9): 9 ~ 13.

[31] 姚瑞凤, 张彩军. 钢中非金属夹杂物的碰撞行为研究 [J]. 河南冶金, 2010, 18 (2): 7 ~ 8 + 17.

[32] 王晓晶. 钢中非金属夹杂物控制的分析与探讨 [J]. 山西冶金, 2006 (2): 21 ~ 23 + 29.

5　连铸钢坯凝固组织和缺陷对比检验

连铸坯凝固组织包括细小等轴晶、柱状晶、交叉树枝晶和中心等轴晶四个部分。

连铸坯内部缺陷按标准规定，包括疏松、偏析、裂纹、缩孔、气泡和夹杂六种缺陷。

目前，国内外采用硫印检验、热酸腐蚀、电解腐蚀、冷酸腐蚀和枝晶腐蚀五种低倍检验方法进行连铸坯和钢材的低倍检验。其中枝晶腐蚀检验方法显示效果最佳，不但能够清晰地显示连铸坯的凝固组织，而且还能够精确地显示连铸坯的缺陷，优于四种传统检验法。本章通过不同方法的对比检验图例，来显示枝晶腐蚀低倍检验方法的优越性。

5.1　连铸坯凝固组织对比检验

冶金工作者对连铸坯各种凝固组织，如细小等轴晶、柱状晶、交叉树枝晶和等轴晶的分布及占整个检验面的百分数都很关注，以下是一些连铸坯凝固组织。

5.1.1　40Cr 小方坯凝固组织

图 5-1 所示为 40Cr、150mm×150mm 的连铸小方坯凝固组织。凝固组织评定结果为：细小等轴晶率 18%、柱状晶率 60%、中心等轴晶率 22%。

5.1.2　20MnSi 钢连铸坯凝固组织

图 5-2 所示为 20MnSi 钢（0.2% C、0.22% Si、0.50% Mn、0.013% P、0.002% S）、120mm×120mm 的连铸小方坯凝固组织。

凝固组织评定结果为：细小等轴晶率 21%、柱状晶率 64%、中心等轴晶率 15%。

5.1.3　45 钢连铸坯凝固组织

图 5-3 所示为 45 钢、150mm×150mm 的连铸小方坯凝固组织。凝固组织评定结果为：细小等轴晶率 20%、柱状晶率 65%、中心等轴晶率 15%，中心等轴晶下沉 15mm。

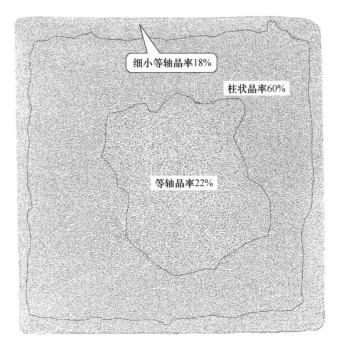

图 5-1 40Cr 连铸坯凝固组织（横向断面，0.8×）

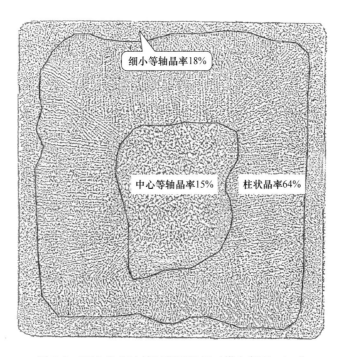

图 5-2 20MnSi 钢连铸坯凝固组织（横向断面，1×）

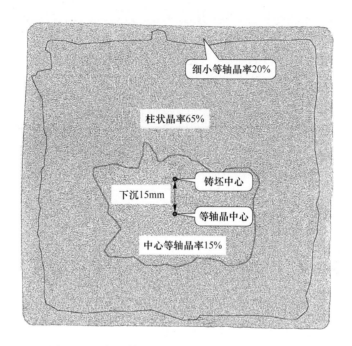

图 5-3 45 钢连铸坯凝固组织（横向断面，0.8×）

中心等轴晶下沉会更加严重，等轴晶下沉是因为液相穴等轴晶在重力作用下产生下沉，在有二冷电磁搅拌 S-EMS 情况下。

5.1.4 20 钢连铸坯凝固组织

图 5-4 所示为 20 钢、150mm×150mm 的连铸小方坯凝固组织。凝固组织评定结果为：细小等轴晶率 18%、柱状晶率 74%、等轴晶率 8%。

5.1.5 硅钢连铸坯冷酸腐蚀凝固组织

图 5-5 所示为硅钢、220mm×1120mm 连铸板坯冷酸腐蚀凝固组织。凝固组织评定结果为：细小等轴晶率 6%、柱状晶率 72%、等轴晶率 22%。

5.1.6 J55 连铸坯热酸腐蚀凝固组织

图 5-6 所示为 J55、380mm×280mm 连铸矩形坯热酸腐蚀凝固组织。凝固组织评定结果为：细小等轴晶率 11%、柱状晶率 64%、中心等轴晶率 25%。

5.1.7 N80 钢连铸坯热酸腐蚀凝固组织

图 5-7 所示为 N80 钢、380mm×280mm 连铸矩形坯热酸腐蚀等轴晶评定结果：中心等轴晶率 26%。

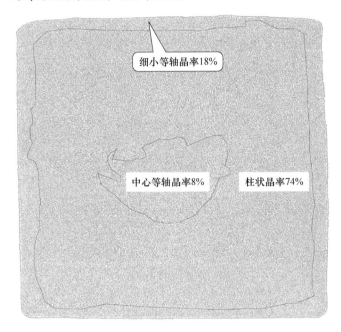

图 5-4　20 钢连铸坯凝固组织计算（横向断面，0.8×）

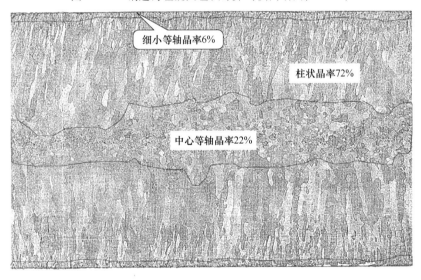

图 5-5　硅钢连铸坯冷酸腐蚀凝固组织（横向断面，0.4×）

5.1.8　拉坯速度对 20 钢圆铸坯等轴晶率的影响

　　相同钢种、相同规格，拉速不同导致等轴晶率产生差别。当拉速为 2.0m/min 时，圆铸坯等轴晶率为 1%；当拉速为 1.0m/min 时，圆铸坯等轴晶率上升到 10%，如图 5-8 所示。其中，图 5-8(a) 的钢种为 20 钢（0.20% C、0.22% Si、

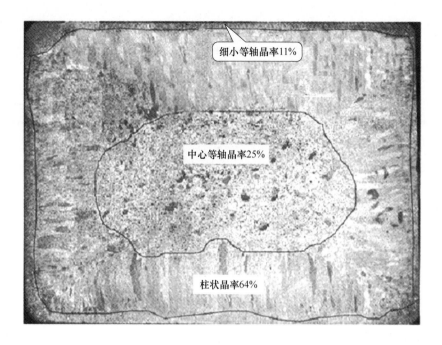

图 5-6　J55 连铸坯热酸腐蚀凝固组织（横向断面，0.4×）

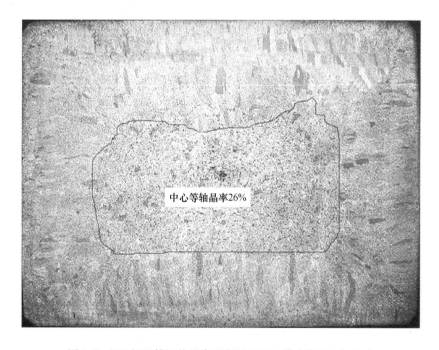

图 5-7　N80 钢连铸坯热酸腐蚀凝固组织（横向断面，0.4×）

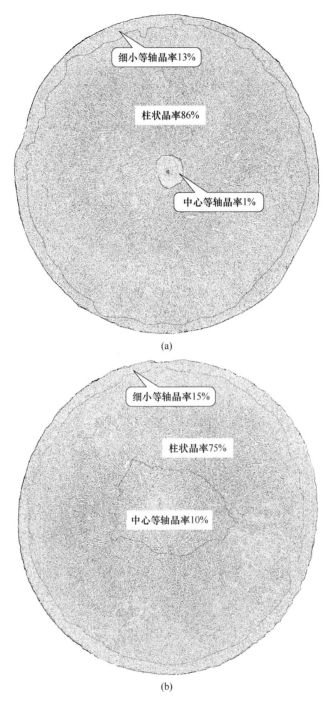

图 5-8　拉坯速度对等轴晶率的影响（横向断面，0.8 ×）

（a）拉坯速度 2.0m/min 铸坯凝固组织；（b）拉坯速度 1.0m/min 铸坯凝固组织

0.50%Mn、0.013%P、0.002%S），规格为φ150mm 圆连铸坯。其凝固组织评定结果为：细小等轴晶率13%、柱状晶率86%、中心等轴晶率1%。图5-9(b) 的钢种为20钢（0.22%C、0.22%Si、0.52%Mn、0.013%P、0.017%S），规格为φ150mm 圆连铸坯。其凝固组织评定结果为：细小等轴晶率15%、柱状晶率75%、中心等轴晶率10%。

因为拉速快，铸坯在结晶器中停留时间短，二冷区冷却速度加快，柱状晶增多，所以等轴晶减少。

5.1.9 HPB300 连铸坯表面附近细小等轴晶检验

连铸坯表面附近细小等轴晶检验如图5-9 所示。钢种为 HPB300（0.20%C、0.18%Si、0.52%Mn、0.027%P、0.048%S、0.085%Cr）；规格为 150mm ×

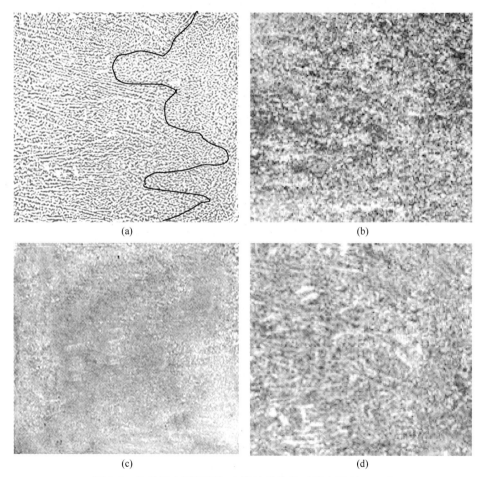

图 5-9　连铸坯表面附近细小等轴晶检验（横向断面，×4）
（a）枝晶腐蚀；（b）冷酸腐蚀；（c）电解腐蚀；（d）热酸腐蚀

150mm 小方坯；同一个试样。图 5-9（a）中细小等轴晶和细小柱状晶细节清晰，并可观察到细小等轴晶厚度不均匀；图 5-9（b）~（d）都没有显示凝固组织。

5.1.10　Q235B 板坯凝固组织对比检验

Q235B 板坯凝固组织对比图例如图 5-10 所示。钢的规格为 180mm×1200mm 板坯，且为同一个试样。由图可见，枝晶腐蚀能够清晰地显示柱状晶凝固组织，并可以观察到二次晶组织的细节，而冷酸腐蚀没有显示任何凝固组织，只显示柱状晶大致轮廓。

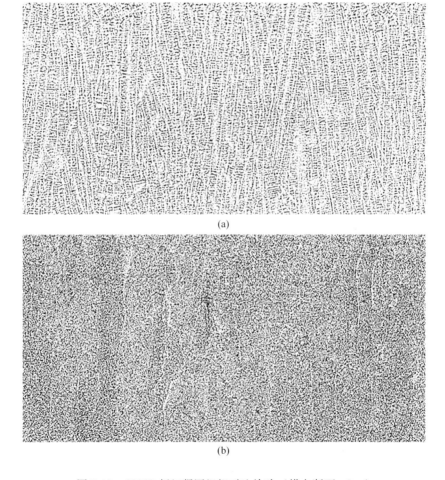

(a)

(b)

图 5-10　Q235B 板坯凝固组织对比检验（横向断面，2×）
(a) 枝晶腐蚀；(b) 冷酸腐蚀

5.1.11 硅钢板坯凝固组织对比检验

硅钢板坯凝固组织对比图例如图 5-11 所示。钢的规格为 230×1060mm 板坯，且为同一个试样。由图可见，枝晶腐蚀能够显示凝固组织细节，而冷酸腐蚀只显示柱状晶轮廓。

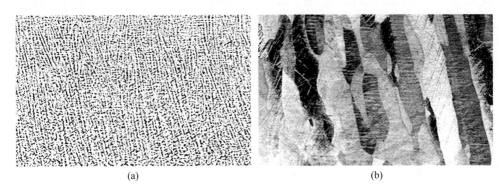

(a)   (b)

图 5-11 凝固组织对比检验（横向断面，2×）
（a）枝晶腐蚀；（b）冷酸腐蚀

5.1.12 硅钢板坯交叉树枝晶对比检验

硅钢板坯交叉树枝晶对比检验如图 5-12 所示。钢种为硅钢（0.046% C、3.39% Si、0.093% Mn、0.012% P、0.021% S、0.018% Als）；规格为 230mm×1060mm 板坯；中包温度为 1515℃；拉坯速度为 0.8m/min；同一个试样。枝晶腐蚀显示交叉树枝晶晶轴交叉和彼此镶嵌，二次晶和凝固组织细节清晰可见，而冷酸腐蚀显示等轴晶轮廓。因此《连铸钢坯凝固组织低倍评定方法》（GB/T 24178—2009）规定晶轴交叉和镶嵌的交叉树枝晶按等轴晶评定。

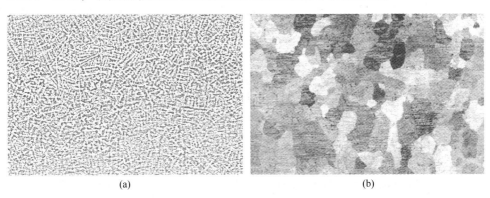

(a)   (b)

图 5-12 交叉树枝晶对比检验（外弧侧横向断面，1×）
（a）枝晶腐蚀；（b）冷酸腐蚀

5.1.13 普碳钢小方坯电脉冲处理 EPM 冶金效果判断

有无脉冲处理 EPM 枝晶腐蚀对比如图 5-13 所示。钢种为普碳钢；规格为 150mm×150mm 方坯；同一个试样。未经电脉冲孕育处理 EPM 的连铸坯柱状晶粗大，一、二次晶晶轴非常清晰，而经电脉冲孕育处理 EPM 后，柱状晶长度明显变短，退化成扁长形等轴晶粒[1]。

(a)   (b)

图 5-13 铸坯有、无脉冲处理 EPM 枝晶腐蚀对比（横向断面，12×）[1]
(a) 无 EPM 处理；(b) 有 EPM 处理

5.1.14 Q235B 板坯交叉树枝晶对比检验

Q235B 板坯交叉树枝晶对比检验如图 5-14 所示。钢的规格 230mm×1650mm 板坯，且为同一个试样。枝晶腐蚀显示交叉树枝晶凝固组织清晰，二次晶细节也能够观察到，而冷酸腐蚀和热酸腐蚀对交叉树枝晶凝固组织细节没有显示。

5.1.15 510L 板坯凝固组织对比检验

510L 板坯凝固组织对比检验如图 5-15 所示。钢的规格为 180mm×1200mm 板，且为同一个试样。枝晶腐蚀显示凝固组织细节，并可以观察到二次晶，而冷酸腐蚀凝固组织无任何显示。

5.1.16 Q345B 凝固组织对比检验

Q345B 凝固组织对比检验如图 5-16 所示。钢的规格为 180mm×1200mm 板坯，且为同一个检验面。枝晶腐蚀显示凝固组织细节，可以观察到二次晶，而冷酸腐蚀凝固组织无任何显示，只显示柱状晶大致轮廓。

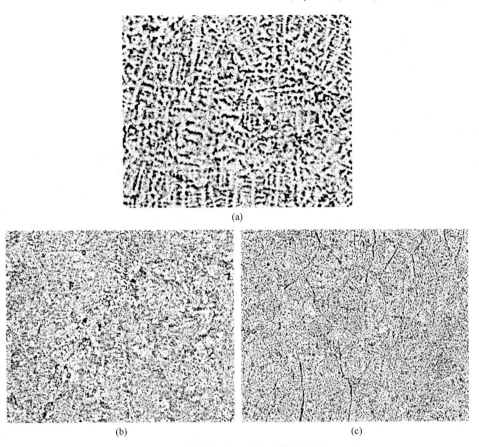

(a)

(b)   (c)

图5-14　交叉树枝晶对比检验（横向断面，3×）

（a）枝晶腐蚀；（b）冷酸腐蚀；（c）热酸腐蚀

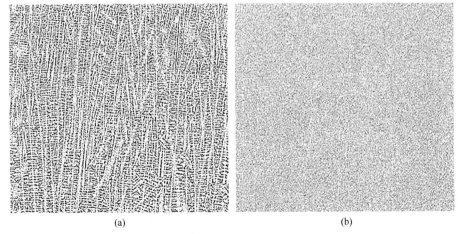

(a)   (b)

图5-15　凝固组织对比检验（横向断面，2×）

（a）枝晶腐蚀；（b）冷酸腐蚀

图 5-16   Q345B 凝固组织对比检验（横向断面，2×）

（a）枝晶腐蚀；（b）冷酸腐蚀

5.1.17   S82B 板坯凝固组织对比检验

S82B 板坯凝固组织对比检验如图 5-17 所示。钢的规格为 180mm×1200mm 板坯，且为同一个试样。枝晶腐蚀一、二次晶晶轴清晰，能够显示凝固组织细节，而冷酸腐蚀观察不到凝固组织结构任何信息。

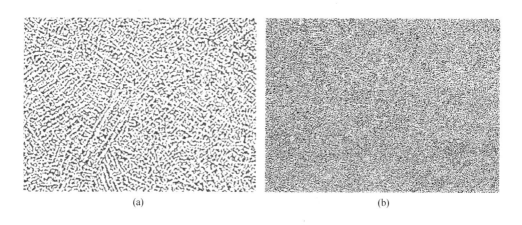

图 5-17   凝固组织对比检验（横向断面，3×）

（a）枝晶腐蚀；（b）冷酸腐蚀

5.1.18   30Mn2 钢圆坯对比检验

30Mn2 钢圆坯对比检验如图 5-18 所示。钢的规格为 φ300mm 圆形坯，且为同一个试样。枝晶腐蚀等轴晶和树枝晶形貌清晰，而冷酸腐蚀观察不到凝固组织结构细节，仅观察到大致轮廓。

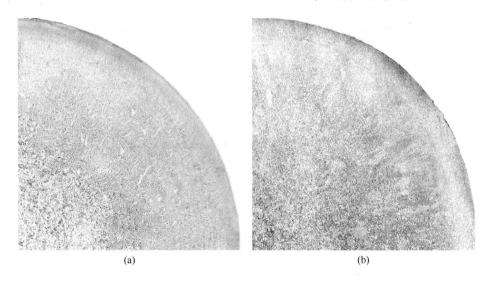

(a)   (b)

图 5-18　凝固组织对比检验（横向断面，0.8×）
（a）枝晶腐蚀；（b）冷酸腐蚀

5.1.19　34Mn6 钢圆坯对比检验

34Mn6 钢圆坯对比检验如图 5-19 所示。钢的规格为 φ180mm 圆形坯，末端电磁搅拌 F-EMS；且为同一个试样。枝晶腐蚀等轴晶和树枝晶形貌清晰，树枝晶、白亮带和等轴晶界线清楚，而冷酸腐蚀仅能观察到等轴晶和树枝晶大致轮廓，观察不到等轴晶与树枝晶界线。

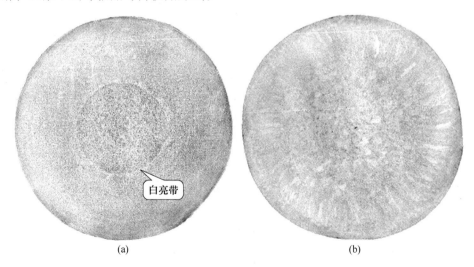

白亮带

(a)   (b)

图 5-19　凝固组织对比检验（横向断面，0.8×）
a）枝晶腐蚀；b）冷酸腐蚀

5.1.20 电磁搅拌（M-EMS）对 GH3030 高温合金组织的影响

电磁搅拌对 GH3030 高温合金组织的影响如图 5-20 所示。钢种为 GH3030 高温合金（0.08% C、21.45% Cr、0.10% Fe、0.06% Si、0.06% Mn、0.10% Al、0.25% Ti、Ni 余量），规格为 ϕ50mm×100mm 实验室圆锭，且为同一个试样。无

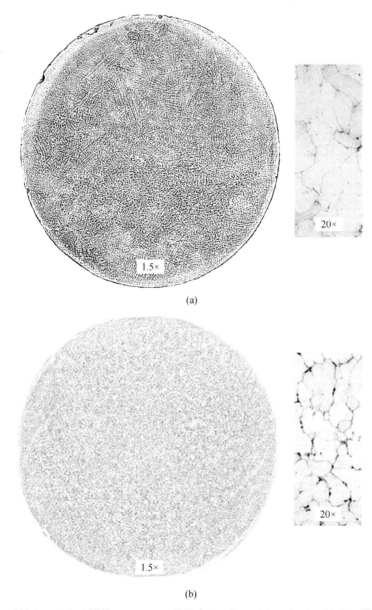

(a)

(b)

图 5-20　圆锭有、无电磁搅拌（M-EMS）枝晶腐蚀组织和金相组织对比检验（横向断面）
(a) 无电磁搅拌（M-EMS）；(b) 有电磁搅拌（M-EMS）

电磁搅拌（M-EMS），钢锭柱状晶发达，金相呈现粗晶组织；而有电磁搅拌（M-EMS），钢锭柱状晶消失，全等轴晶，金相呈现细晶组织[2]。

5.1.21　电磁搅拌（M-EMS）对 800 号小圆锭凝固组织的影响

　　电磁搅拌对 800 号镍铬铁高温合金钢锭凝固组织的影响如图 5-21 所示。钢的规格为 $\phi60mm$ 半圆锭，且为同一个试样。无电磁场作用时，钢锭柱状晶发达，而有电磁场作用时，钢锭中心柱状晶消失，钢锭中心交叉树枝晶发达[3]。

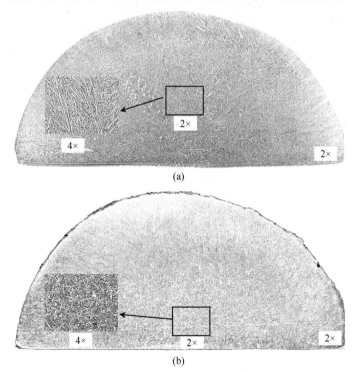

图 5-21　800 号高温合金有无电磁搅拌（M-EMS）凝固组织组织对比检验（横向断面）
(a) 无电磁搅拌（M-EMS）；(b) 有电磁搅拌（M-EMS）

5.1.22　电磁搅拌（M-EMS）对 15CrMo 小圆锭凝固组织的影响

　　电磁搅拌（M-EMS）对 15CrMo 小圆锭凝固组织的影响如图 5-22 所示。钢的规格为 $\phi100mm \times 400mm$ 实验室圆锭，且为同一个试样。无电磁场作用时，柱状晶发达，一次晶轴粗大，中心等轴晶区较小，等轴晶率仅为 2%；而有电磁场作用时，枝晶生长方向变得不明显，柱状晶组织模糊，中心等轴晶率提高到 32%[4]。

5.1.23　30Mn2 连铸坯凝固组织对比检验

　　30Mn2 连铸坯凝固组织对比检验如图 5-23 所示。钢的规格为 $\phi300mm$，且为

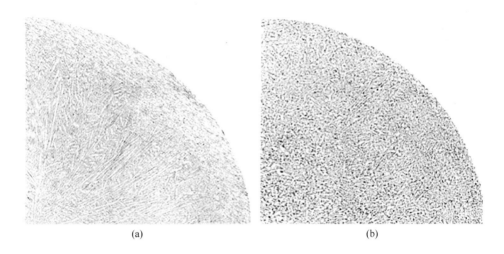

(a)　　　　　　　　　　　　　(b)

图 5-22　电磁搅拌（M-EMS）对铸坯凝固组织的影响（横向断面，1.5×）

（a）无电磁搅拌（M-EMS）；（b）有电磁搅拌（M-EMS）

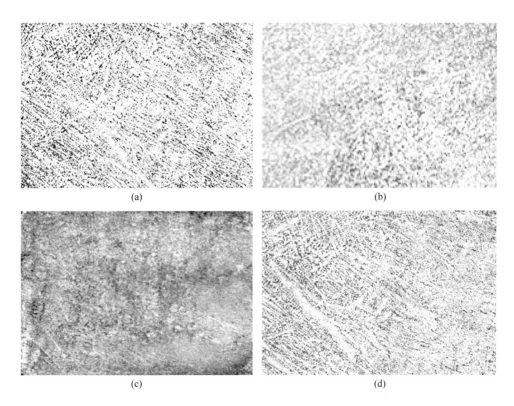

(a)　　　　　　　　　　　　　(b)

(c)　　　　　　　　　　　　　(d)

图 5-23　连铸圆坯凝固组织对比检验（横向断面，×2）

（a）枝晶腐蚀；（b）冷酸腐蚀；（c）电解腐蚀；（d）热酸腐蚀

同一个试样。枝晶腐蚀显示凝固组织细节清楚,二次晶组织明显;冷酸腐蚀和电解腐蚀检验显示凝固组织不清楚;热酸腐蚀检验显示凝固组织效果与枝晶腐蚀显示效果差不多。

5.1.24 U75V 重轨方坯凝固组织对比检验

U75V 重轨方坯凝固组织对比检验如图 5-24 所示。钢的规格为 280mm × 280mm 方坯。枝晶腐蚀和热酸腐蚀显示凝固组织比较清楚,冷酸腐蚀和电解腐蚀没有显示凝固组织。

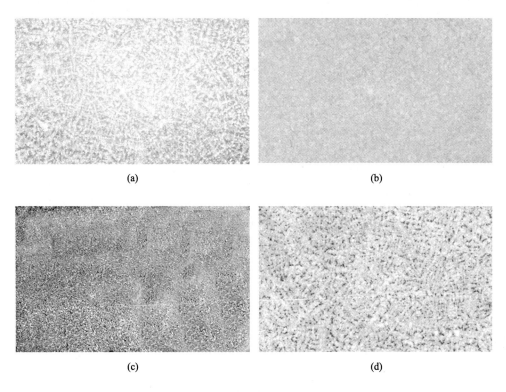

图 5-24 U75V 重轨方坯凝固组织对比检验(横向断面,3×)
(a)枝晶腐蚀;(b)冷酸腐蚀;(c)电解腐蚀;(d)热酸腐蚀

5.1.25 连铸板坯柱状晶"搭头"

连铸板坯枝晶腐蚀检验结果如图 5-25 所示,钢种为低碳钢(0.003%C),规格为 170mm×1438mm 板坯。柱状晶将含有偏析元素钢水推到铸坯中心形成中心偏析缺陷。产生柱状晶"搭头"(也叫作"穿晶"),是由于连铸板坯在二冷区内外温差过大、生长过快的缘故。

图 5-25 连铸板坯柱状晶"搭头"凝固组织（横向断面，0.5×）

5.1.26 60mm 厚 45 钢钢板横、纵向凝固组织

45 钢钢板横、纵向凝固组织如图 5-26 所示。钢是由 230mm 厚板坯轧制成 60mm 厚钢板，且为同一个试样，横、纵两个检验面。钢板厚度中心的黑色短线，是板坯 B 类中心偏析经轧制演变的结果。仔细观察横向断面枝晶腐蚀图像，能够看到树枝晶凝固组织的痕迹。而观察纵向断面枝晶腐蚀图像，钢板厚度中心的黑色短线变长，树枝晶凝固组织的痕迹消失。产生这种现象的原因是钢板沿纵向变形大于横向变形的缘故。

(a)

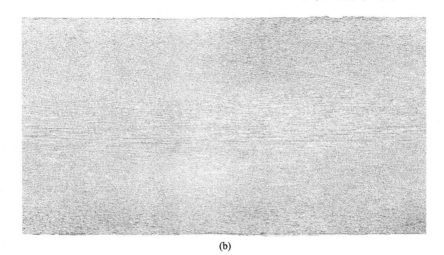

(b)

图 5-26　45 钢钢板横、纵向凝固组织（横向断面，1.25×）
（a）枝晶腐蚀图像（横向断面）；（b）枝晶腐蚀图像（纵向断面）

5.2　连铸坯缺陷对比检验

5.2.1　SPHE 连铸板坯中心偏析对比检验

SPHE 连铸板坯中心偏对比检验如图 5-27 所示。钢的规格为 160mm 厚板坯，检验面取同一个试样铸坯厚度中心。枝晶腐蚀清晰地显示 B 类中心偏析，分布在内、外弧柱状晶"搭头"位置。而冷酸腐蚀和热酸腐蚀无任何偏析显示，即冷酸腐蚀和热酸腐蚀掩盖低碳钢（$w(C) \leqslant 0.08\%$）中心偏析缺陷。

5.2.2　SPHE 连铸板坯夹杂物对比检验

SPHE 连铸板坯夹杂物对比检验如图 5-28 所示。钢的规格为 160mm 厚板坯，检验面取同一个试样铸坯内弧侧厚度 1/4 位置。枝晶腐蚀清晰地显示夹杂物缺陷，而冷酸腐蚀和热酸腐蚀无任何夹杂缺陷显示，即冷酸腐蚀和热酸腐蚀掩盖低碳钢（$w(C) \leqslant 0.08\%$）夹杂缺陷。

5.2.3　SPHD 连铸板坯 B 类中心偏析对比检验

SPHD 连铸板坯 B 类中心偏析对比检验如图 5-29 所示。钢的规格为 160mm 厚板坯，且为同一个试样。枝晶腐蚀清晰地显示 B 类中心偏析和柱状晶凝固组织，而冷酸腐蚀掩盖 B 类中心偏析和柱状晶凝固组织，即冷酸腐蚀掩盖低碳钢（$w(C) \leqslant 0.08\%$）B 类中心偏析缺陷和柱状晶凝固组织。

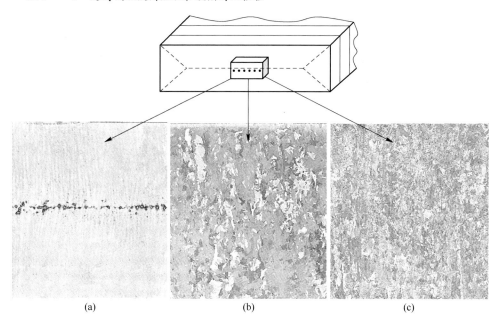

图 5-27　连铸坯中心偏析对比检验（横向断面，2×）
（a）枝晶腐蚀；（b）冷酸腐蚀；（c）热酸腐蚀

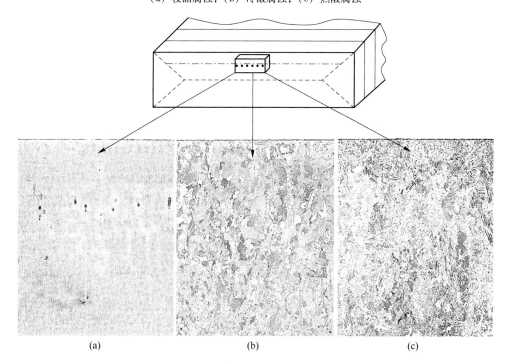

图 5-28　连铸坯夹杂物对比检验（横向断面，2×）
（a）枝晶腐蚀；（b）冷酸腐蚀；（c）热酸腐蚀

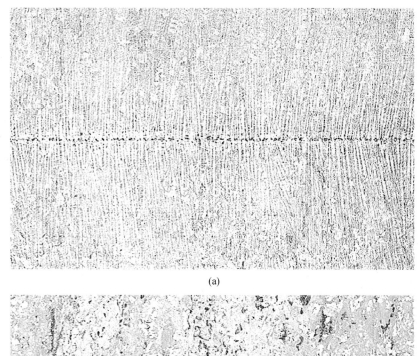

(a)

(b)

图 5-29　连铸坯 B 类中心偏析对比检验（横向断面，0.5×）
（a）枝晶腐蚀；（b）冷酸腐蚀

5.2.4　中碳钢板坯针孔气泡对比检验

　　中碳钢（0.22% C、0.24% Mn）连铸坯针孔气泡对比检验如图 5-30 所示。钢的规格为 230mm×1650mm 板坯，且为同一个试样。枝晶腐蚀清晰地显示圆形框中针孔气泡缺陷，而冷酸腐蚀掩盖针孔气泡缺陷。而且，枝晶腐蚀图下缘少许中心偏析缺陷在冷酸腐蚀图上也消失了。

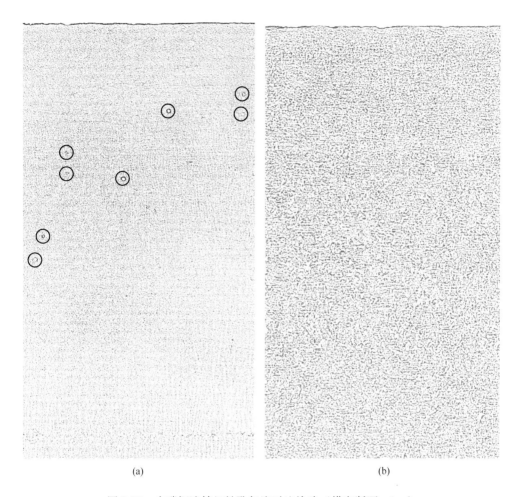

(a)   (b)

图 5-30   中碳钢连铸坯针孔气泡对比检验（横向断面，1×）
（a）枝晶腐蚀；（b）冷酸腐蚀

5.2.5   低碳钢板坯中间裂纹和中心偏析对比检验

低碳钢（0.07% C、0.65% Mn）连铸坯中间裂纹和中心偏析对比检验如图 5-31 所示。钢的规格为 230mm×1450mm 板坯，且为同一个试样。枝晶腐蚀清晰地显示中间裂纹和 A 类中心偏析缺陷，而冷酸腐蚀掩盖中间裂纹缺陷。而且，枝晶腐蚀图下缘的 A 类中心偏析缺陷在冷酸腐蚀图上退化为 B 类中心偏析缺陷。

5.2.6   管线钢板坯 B 类中心偏析对比检验

管线钢连铸坯中心偏析对比检验如图 5-32 所示。钢的规格为 230mm×

1200mm 板坯，且为同一个试样。枝晶腐蚀原样显示 B 类中心偏析，树枝晶凝固组织清晰，二次晶组织明显；而冷酸腐蚀 B 类中心偏析明显减轻，凝固组织无任何显示。

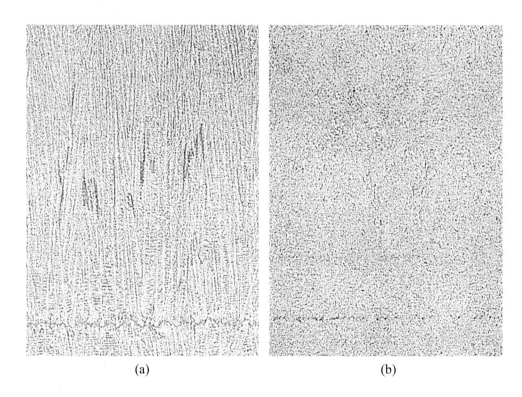

(a)   (b)

图 5-31 低碳钢连铸坯中间裂纹和中心偏析对比检验（横向断面，1×）

（a）枝晶腐蚀；（b）冷酸腐蚀

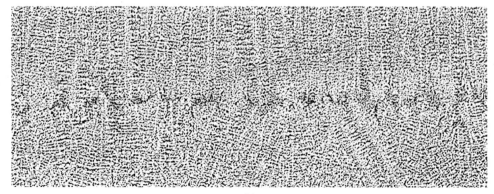

(a)

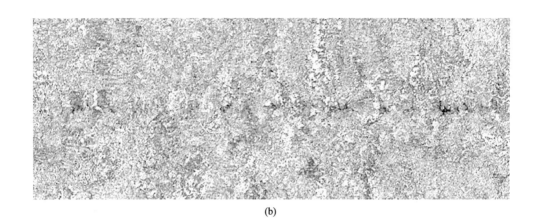

(b)

图 5-32　管线钢连铸坯中心偏析对比检验（横向断面，2×）

（a）枝晶腐蚀试样厚度中心；（b）冷酸腐蚀试样厚度中心

5.2.7　Q235B 连铸板坯凝固组织和夹杂物对比检验

　　Q235B 连铸板坯 B 类中心偏析和凝固组织对比检验如图 5-33 所示。钢的规格为 230mm×590mm 板坯半坯，且为同一个试样。枝晶腐蚀和冷酸腐蚀中的 B 类中心偏析斑点大小差别不大，但枝晶腐蚀检验显示 B 类中心偏斑点细节清晰、真实，冷酸蚀偏析斑点细节模糊、不清。而且，枝晶腐蚀低倍检验凝固组织清晰，冷酸腐蚀凝固组织模糊。

(a)

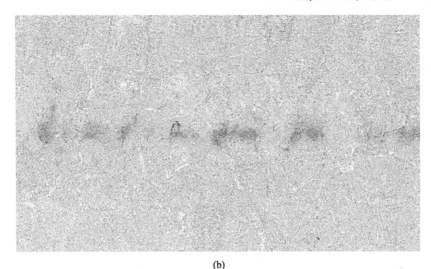

(b)

图 5-33　Q235B 连铸板坯 B 类中心偏析和凝固组织对比检验（横向断面，2×）

（a）枝晶腐蚀；（b）冷酸腐蚀

5.2.8　Q345B 连铸板坯 B 类中心偏析和凝固组织对比检验

　　Q345B 连铸板坯 B 类中心偏析和凝固组织对比检验如图 5-34 所示。钢的规格为 180mm×600mm 板坯半坯，且为同一个试样。枝晶腐蚀 B 类中心偏析斑点清晰，冷酸腐蚀 B 类中心偏析斑点模糊、拓宽。同时，凝固组织枝晶腐蚀低倍检验比冷酸腐蚀清楚很多。

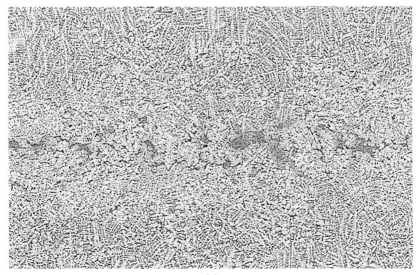

(a)

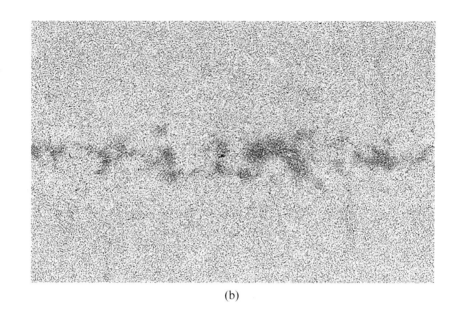

(b)

图 5-34   B 类中心偏析和凝固组织对比检验（横向断面，2×）

（a）枝晶腐蚀；（b）冷酸腐蚀

5.2.9   管线钢连铸板坯中间裂纹对比检验

管线钢连铸板坯中间裂纹对比检验如图 5-35 所示。钢的规格为 230mm ×
1200mm 板坯，且为同一个试样。枝晶腐蚀清楚地显示中间裂纹和柱状晶凝固
组织，裂纹沿柱状晶间分布，而冷酸腐蚀掩盖裂纹缺陷，也不显示其凝固
组织。

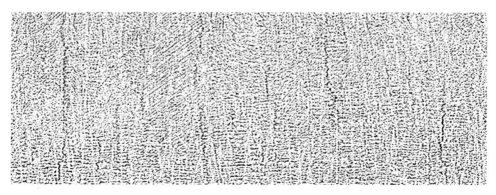

(a)

(b)

图 5-35 管线钢连铸坯中间裂纹对比检验（横向断面，2×）

(a) 枝晶腐蚀；(b) 冷酸腐蚀

5.2.10 Q195 板坯中间裂纹对比检验

Q195 板坯（200mm×2200mm）内弧中间裂纹同一个试样用四种方法检验，如图 5-36 所示。枝晶腐蚀和热酸腐蚀显示裂纹清晰。电解腐蚀裂纹减少，并减轻。冷酸腐蚀掩盖中间裂纹缺陷。

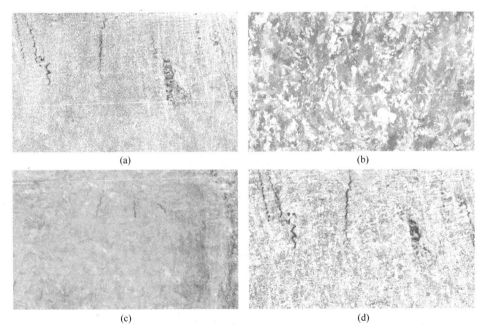

图 5-36 板坯中间裂纹对比检验（横向断面，2×）

(a) 枝晶腐蚀；(b) 冷酸腐蚀；(c) 电解腐蚀；(d) 热酸腐蚀

5.2.11   Q235B 连铸板坯表面纵裂与细小等轴晶厚度关系

沿图 5-37 所示铸坯（Q235B，250mm×1500mm 板坯）表面纵向裂纹不同位置取样，做枝晶腐蚀检验，发现细小等轴晶厚度是不均匀的，结果如图 5-38 所示。图 5-38(a) 是在纵裂位置取样，坯壳凹陷，细小等轴晶层厚度仅为 0.5mm，是产生应力集中的裂纹源；图 5-38(b) 是在纵裂附近位置取样，细小等轴晶层厚度为 1.5mm；图 5-38(c) 是在远离纵裂位置取样，细小等轴晶层厚度为 4mm[5]。

图 5-37   连铸板坯表面纵向裂纹（局部）实物（1.5×）

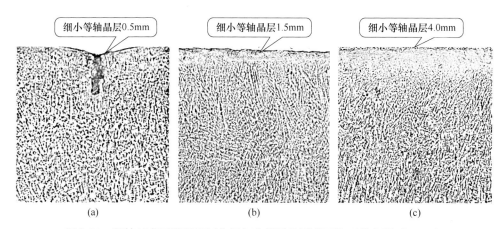

图 5-38   距铸坯表面纵裂不同位置细小等轴晶厚度不均（横向断面，2×）
(a) 纵裂位置；(b) 纵裂附近；(c) 远离纵裂

结晶器冷却不均，保护渣理化性能不良和过热度高（36℃）是导致细小等轴晶厚度薄和不均匀的直接原因。

5.2.12   Q235B 连铸小方坯脱氧不良生成的 CO 皮下蜂窝气泡

连铸坯在脱氧不良的情况下，钢中的 [O] 由钢中的 [C] 控制时，生成 CO 气泡。

$$[C] + [O] = CO\uparrow$$

这是生成 CO 气泡必要条件（第一个条件）。临界气泡的形成和长大与钢水系统压强密切相关。系统压强阻碍气泡生成，只有生成气泡的压强大于系统阻碍气泡生成的压强时，气泡才能生成：

气泡生成压强：$p_生 = p_{CO} + p_{H_2} + p_{N_2}$

阻碍气泡生成压强：$p_阻 = p_{环境压强} + p_{钢水静压强} + p_{附加压强}$

只有当 $p_生 > p_阻$ 时，CO 气泡才能形成和长大。而连铸过程 $p_阻$ 最小的位置，就是最靠近结晶器液面的凝固坯壳的固液界面[6]。因此，铸坯脱氧不良生成的 CO 气泡分布在铸坯皮下的位置（压强最小），如图 5-39 所示。图中钢种为 Q235B，规格 150mm × 150mm 小方坯。

图 5-39 枝晶腐蚀皮下蜂窝气泡（横向断面，0.4×）

5.2.13 中碳铬钢圆坯针孔气泡对比检验

中碳铬钢（0.25% C、0.28% Si、0.86% Mn、0.006% P、0.003% S、1.034% Cr、0.514% Mo）ϕ280mm 连铸圆管坯针孔气泡对比检验如图 5-40 所示。取同一个试样进行检验。

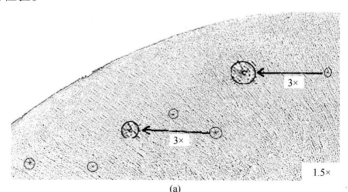

(a)

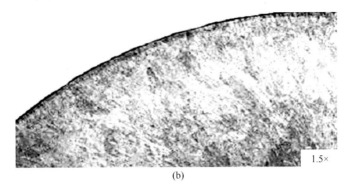

图 5-40 中碳铬钢连铸圆管坯针孔气泡对比图例（横向断面）

(a) 枝晶腐蚀；(b) 热酸腐蚀

　　枝晶腐蚀中,针孔气泡由 1.5×放大到 3.0×,仍清晰可见;而热酸腐蚀由于温度高、时间长,气泡与基体界线被腐蚀掉了,找不到界线,因此掩盖针孔气泡缺陷。

5.2.14　Q235B 连铸板坯二冷电磁搅拌 S-EMS 冶金效果判断

　　取两个钢种都是 Q235B 和规格都是 300mm×1650mm 的二冷电磁搅拌 S-EMS试样,采用枝晶腐蚀检验方法进行对比检验。如图 5-41(a) 所示,中心偏析在铸坯中心集聚,按标准评级,为 B 类中心偏析 2.0 级。在偏析线上面是交叉树枝晶,而在偏析线下面全是等轴晶,凝固组织在偏析线上、下分布不均匀,增加钢材性能的不均匀性。如图 5-41(b) 所示,中心偏析在铸坯中心分散,按标准评级,为 C 类中心偏析 1.0 级。偏析线上、下面全是等轴晶,凝固组织在偏析线上、下分布均匀,增加钢材性能同性效应。显然,图 5-41(a) 二冷电磁搅拌 S-EMS 的冶金效果不如图 5-41(b) 的冶金效果。

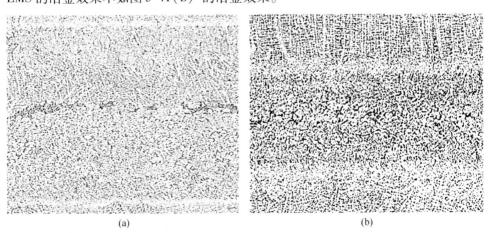

图 5-41 二冷电磁搅拌 S-EMS 冶金效果对比（横向断面,1×）

(a) 冶金效果不良（B 类中心偏析 2.0 级）；(b) 冶金效果良好（C 类中心偏析 1.0 级）

分析认为，如图 5-41 所示，（a）图白亮带宽度为 60mm，而（b）图中白亮带度宽度为 35mm，表明（a）图比（b）图可搅动钢水宽、温度高、黏度低。

当搅拌停止后，（a）图中心等轴晶下沉，中心偏析向中心流动，而（b）图钢水黏稠，等轴晶和中心偏析移动困难，保留在中心区。

至于白亮带位置与安装搅拌器选择位置或拉速有关。

5.2.15 硅钢连铸板坯 B 类中心偏析对比检验

硅钢连铸板坯（230mm×1060mm）B 类中心偏析对比检验如图 5-42 所示。取同一个试样进行检验。

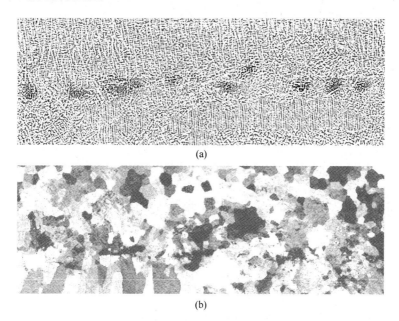

(a)

(b)

图 5-42 硅钢连铸坯 B 中心偏析对比检验（横向断面，1×）
（a）枝晶腐蚀；（b）冷酸腐蚀

枝晶腐蚀显示 B 类中心偏析和凝固组织细节清楚，而冷酸腐蚀掩盖中心偏析缺陷。

5.2.16 区分 A 板连铸板坯皮下针孔气泡和皮下夹杂物

A 板连铸板坯（230mm×1950mm）皮下针孔气泡和皮下夹杂物如图 5-43 所示。过热度为 19℃，拉速为 0.9m/min。

生产 A 板连铸坯时，用传统低倍检验方法（硫印检验、热酸腐蚀、电解腐蚀和冷酸腐蚀检验方法），不能区分皮下针孔气泡和皮下夹杂物缺陷，于是取样做枝晶腐蚀检验。

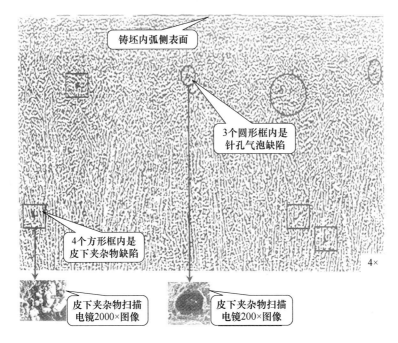

图 5-43　区分连铸板坯皮下针孔气泡和皮下夹杂物（横向断面）

枝晶腐蚀检验结果表明，针孔气泡呈现针孔状圆形小孔，与金属基体有明显分界线，犹如钢针扎在纸张上形成的小孔一样。而皮下夹杂与金属基体交界线呈短线状、浅麻坑状和不规则形状的缺陷。

针孔气泡和皮下夹杂使用扫描电镜分别放大到 200 × 和 2000 ×，结果如图 5-44 下缘两小图所示。

5.2.17　连铸 CSB 低碳钢板坯针孔气泡研磨、抛光和腐蚀对比检验

CSB 低碳钢（0.048% C、0.018% Si）板坯针孔气泡研磨、抛光和腐蚀对比检验如图 5-44 所示。钢的规格为 170mm × 1304mm 板坯，且为同一个试样。

研磨、抛光、枝晶腐蚀和硝酸酒精腐蚀四种方法能够清晰地显示针孔气泡缺陷，而冷酸腐蚀、电解腐蚀和热酸腐蚀三种方法掩盖针孔气泡缺陷。

800 号砂纸研磨时，金属磨屑填充到针孔气泡中，呈现黑色显示针孔气泡的存在。抛光对试样只是机械加工，清除金属磨屑，无侵蚀试剂腐蚀，针孔气泡内部是金属自由面，由于金属基体界线不受任何腐蚀，因此针孔气泡呈现白色。枝晶腐蚀时因为试剂酸的浓度低，腐蚀时间短，针孔气泡界线不受侵蚀，针孔气泡呈现白色。4% 硝酸酒精腐蚀，因为酸的浓度低，针孔气泡边界线不被破坏，仍然保持圆形。

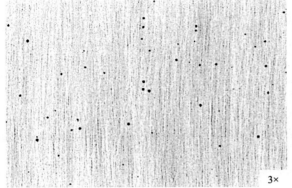

(a)

(b)

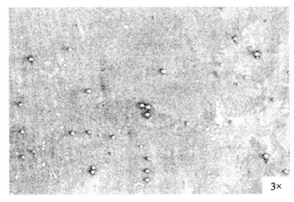
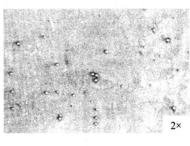

(c)

3×　　2×

(d)

3×　　2×

(e)

3×　　2×

(f)

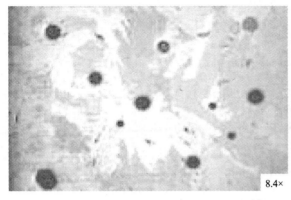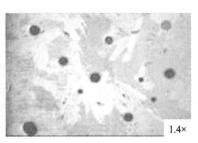

1.4×

8.4×

(g)

图 5-44 研磨、抛光和腐蚀后针孔气泡对比检验（横向断面）
(a) 800 号砂纸研磨；(b) 机械抛光；(c) 枝晶腐蚀；(d) 冷酸腐蚀；
(e) 电解腐蚀；(f) 热酸腐蚀；(g) 4% 硝酸酒精腐蚀

冷酸腐蚀、电解腐蚀和热酸腐蚀三种方法掩盖针孔气泡缺陷，这是因为三种方法的酸液浓度高和腐蚀时间长，气泡与金属基体之间的界线被腐蚀掉了。

5.2.18 连铸硅钢板坯三角区裂纹、角部裂纹对比检验

硅钢（0.051% C、3.34% Si、0.103% Mn、0.012% P、0.020% S）连铸坯三角区裂纹、角部裂纹对比检验如图 5-45 所示。钢的规格为 230mm×1060mm 板坯，且为同一个试样。

枝晶腐蚀中，三角区裂纹和角部裂纹清晰可见。冷酸腐蚀无任何裂纹显示，但三角区交界线非常清楚。

5.2.19 连铸 AG6K11 板坯中间裂纹、三角区裂纹和中心裂纹对比检验

AG6K11（0.046% C、3.39% Si、0.093% Mn、0.012% P、0.021% S、0.018% Als）、连铸坯中间裂纹、三角区裂纹和中心裂纹对比检验如图 5-46 所示。钢的规格为 230mm×1060mm 板坯；中包温度为 1515℃；拉坯速度为 0.8m/min；且为同一个试样。

枝晶腐蚀与冷酸蚀低倍检验图像差别明显，前者中间裂纹、三角区裂纹和中心裂纹清晰可见，后者观察不到裂纹；前者能够观察到枝晶凝固的细节，后者只能观察到枝晶凝固大体形貌。

图 5-46(a) 的右下方是交叉树枝晶，与图 5-46(b) 的右下方等轴晶区域相对应。

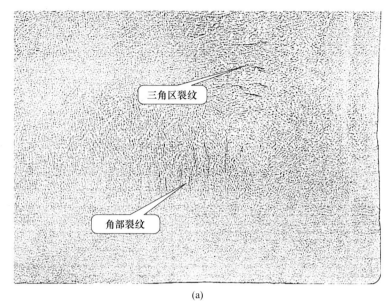

(a)

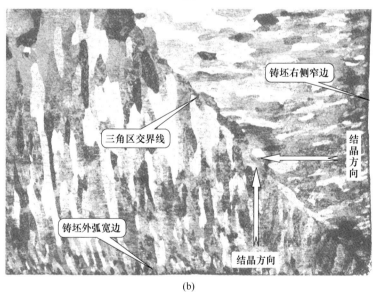

(b)

图 5-45 硅钢连铸坯三角区裂纹、角部裂纹对比检验（横向断面，1×）

（a）枝晶腐蚀；（b）冷酸腐蚀

5.2.20 Q235B 连铸板坯中间裂纹缺陷对比检验

（1）Q235B 连铸板坯（230mm×590mm）中间裂纹缺陷对比检验如图 5-47 所示。取同一个试样进行检验。

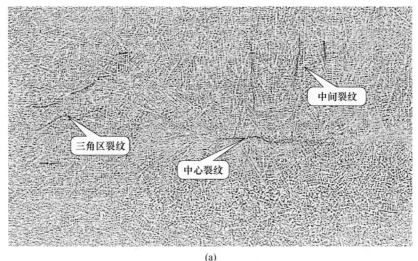

(a)

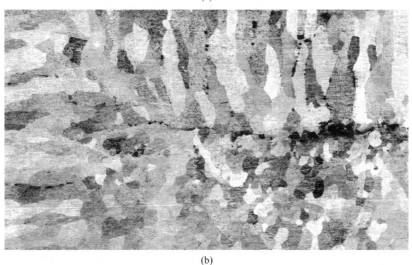

(b)

图 5-46 连铸坯中间裂纹、三角区裂纹和中心裂纹对比检验（横向断面，1×）

(a) 枝晶腐蚀；(b) 冷酸腐蚀

枝晶腐蚀椭圆形框内显示中间裂纹缺陷清晰，而对应的冷酸腐椭圆形框内显示的中间裂纹缺陷模糊，仅仅残留一些裂纹痕迹。这说明冷酸腐蚀掩盖裂纹缺陷，对于开口宽度较小的裂纹不显示。

对于凝固组织，枝晶腐蚀低倍检验比冷酸腐蚀检验清楚很多。

（2）Q235B 连铸板坯（230mm×1650mm）偏析和中间裂纹用同一个试样进行检验，结果如图 5-48 所示。

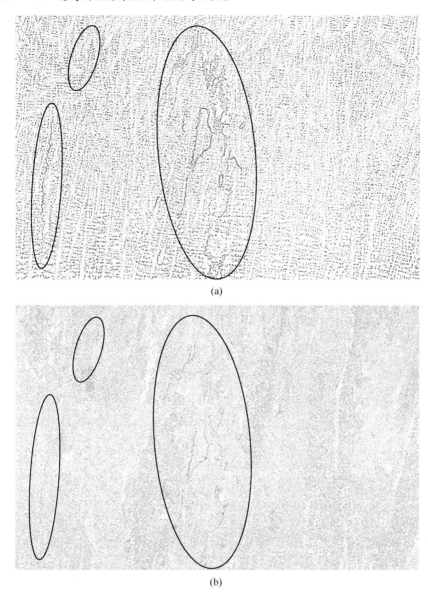

图 5-47　内弧中间裂纹和凝固组织对比检验（横向断面，2×）

（a）枝晶腐蚀；（b）冷酸腐蚀

　　硫印检验和枝晶腐蚀检验两种检验方法都能显示中间裂纹，但是硫印检验中间裂纹被拓宽，C 类中心偏析严重；而枝晶腐蚀没有扩大显示中间裂纹，并且 C 类中心偏析较轻。其原因是做硫印检验时，相纸上稀硫酸水溶液与试样上硫化物作用时，H_2S 气体在硫印纸上产生拓宽，导致 Ag_2S 沉淀也跟着拓宽，造成裂纹和偏析都发生宽化。

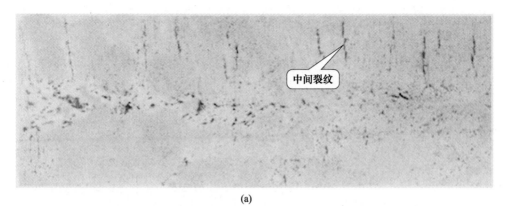

(a)

(b)

图5-48 中间裂纹对比检验（横向断面，2×）

（a）硫印检验；（b）枝晶腐蚀

5.2.21 Q195 板坯中间裂纹对比检验

Q195 连铸板坯（200mm×2200mm）四种检测方法、检验，结果如图5-49所示。枝晶腐蚀检验中间裂纹和中心偏析显示清楚（图5-49(a)）热酸腐蚀显示中间裂纹和中心偏析比枝晶腐蚀差一些（图5-49(b)）；电解腐蚀中间裂纹减轻，中心偏析消失（图5-49(c)）；图冷酸腐蚀中间裂纹和中心偏析消失（图5-49(d)）。

5.2.22 Q195 板坯三角区裂纹对比检验

Q195 连铸板坯（200mm×2200mm）三角区裂纹同一个试样用四种方法检验，结果如图5-50所示。枝晶腐蚀和热酸腐蚀三角区裂纹缺陷清楚；而冷酸腐蚀和电解腐蚀显示三角区裂纹痕迹，掩盖裂纹缺陷。

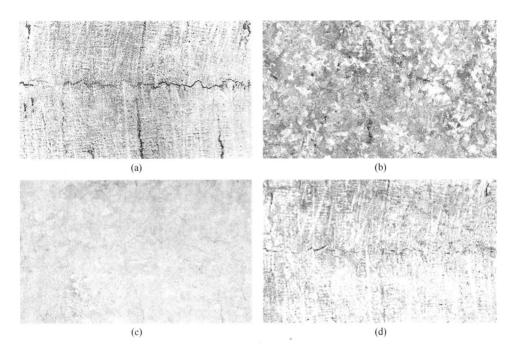

图 5-49   Q195 板坯中间裂纹对比检验（横向断面，2×）
(a) 枝晶腐蚀；(b) 冷酸腐蚀；(c) 电解腐蚀；(d) 热酸腐蚀

5.2.23   45 钢连铸板坯中心偏析枝晶腐蚀与硫印检验对比分析

45 钢（0.442% C、0.258% Si、0.610% Mn、0.020% P、0.008% S）连铸板坯在同一个试样上，沿铸坯中心（厚度 1/2）取样，做枝晶腐蚀检验，然后做硫印检验。钢的规格为 250mm×2000mm 板坯，中包温度为 1527℃，拉速为 0.9m/min。

检验结果如图 5-51 所示。枝晶腐蚀为 B 类中心偏析 1.5 级，而硫印检验为 C 类中心偏析 1.0 级。原因是枝晶腐蚀中的腐蚀试剂与偏析元素 S、C、Mn 和 P 都发生反应，而硫印检验稀硫酸水溶液只与试样中 0.008% S 的偏析元素发生反应，所以枝晶腐蚀检偏析类型和级别都高于硫印检验，硫含量为 0.008% S 时，硫印检验掩盖偏析缺陷。

5.2.24   SPHC 钢连铸板坯三角区附近的中间裂纹对比分析

SPHC 钢（0.053% C、0.016% Si、0.249% Mn、0.012% P、0.015% S、0.036% Als）连铸板坯用同一个试样进行硫印检验、枝晶腐蚀和热酸腐蚀三种方法对比检验钢的规格为 200mm×1260mm 板坯，中包温度为 1527℃，拉速为 0.9m/min。取样示意如图 5-52 所示，结果如果 5-53 所示。

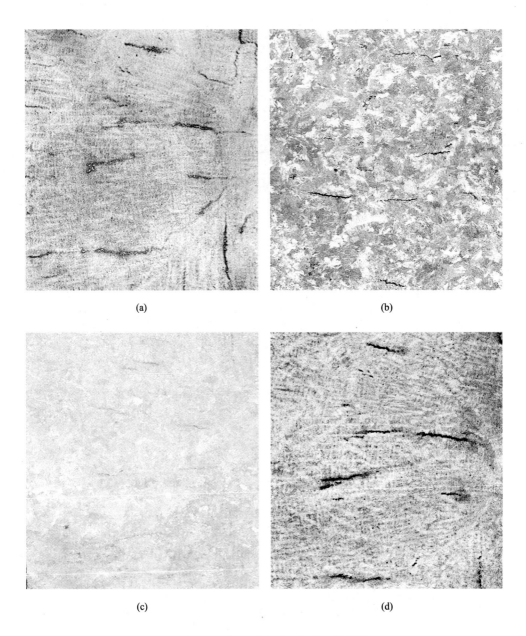

图 5-50 Q195 板坯三角区裂纹对比检验（横向断面，2×）

(a) 枝晶腐蚀；(b) 冷酸腐蚀；(c) 电解腐蚀；(d) 热酸腐蚀

三角区附近中间裂纹三种方法对比检验都很清楚，因为 0.015% S 相对于 C、Mn、P 是比较高的。如果 S 含量小于 0.005%，硫印检验的中间裂纹就不会那么清楚了。

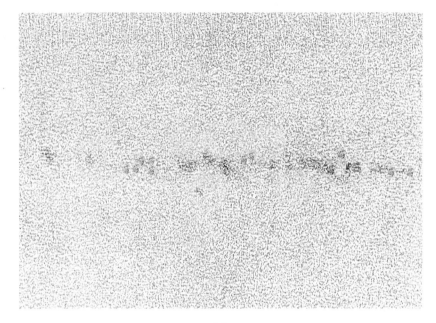

(a)

(b)

图 5-51　B 类中心偏析枝晶腐蚀与硫印对比检验（横向断面，1.2×）

（a）枝晶腐蚀；（b）硫印检验

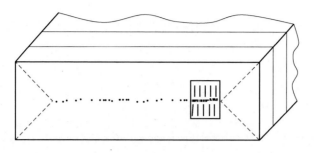

图 5-52　取样示意图

(a)

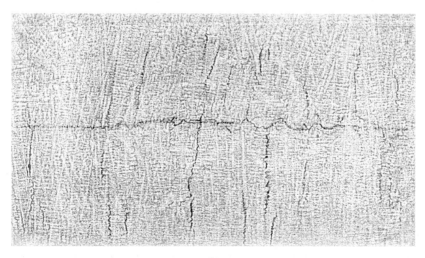

(b)

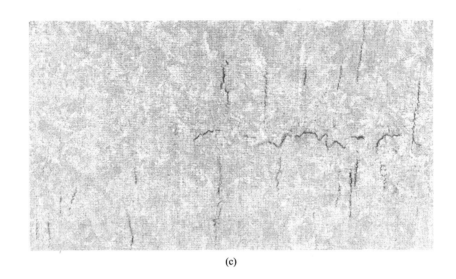

(c)

图 5-53   三角区附近中间裂纹对比检验（横向断面，2×）

(a) 硫印检验；(b) 枝晶腐蚀；(c) 热酸腐蚀

5.2.25   65Mn 连铸板坯横向断面中心裂纹分析

65Mn（0.650% C、0.263% Si、1.010% Mn、0.020% P、0.003% S）连铸板坯横向断面中心裂纹对比检验如图 5-54 所示。钢的规格为 150mm × 1500mm 板坯，中包温度为 1518℃，拉速为 1.3m/min。同一个检验面在中心裂纹处取样，进行硫印检验、枝晶腐蚀、冷酸腐蚀、热酸腐蚀四种检验方法，取样见图 5-54。

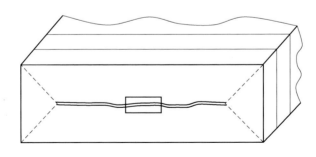

图 5-54   取样示意图

如图 5-55 所示，硫印检验、枝晶腐蚀、冷酸腐蚀、热酸腐蚀四种检验方法下铸坯中心裂纹都清晰。其中热酸腐蚀裂纹拓宽，因为热酸腐蚀温度高和腐蚀时间长。硫印检验中心裂纹不明显，考虑是铸坯含硫量很少（0.003% S）的缘故。

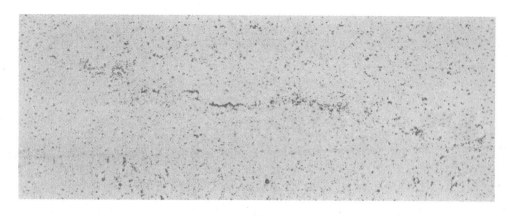

(a)

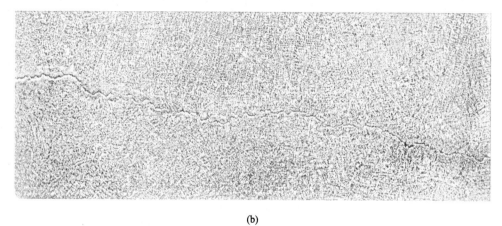

(b)

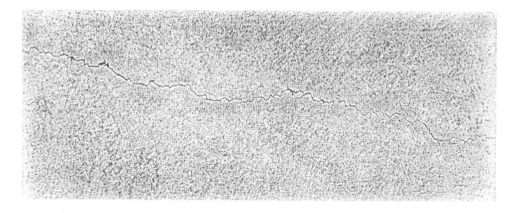

(c)

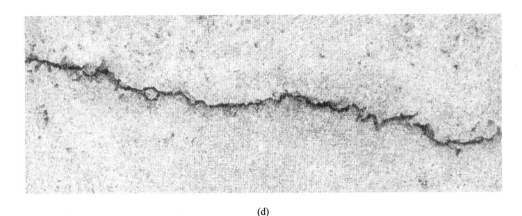

(d)

图 5-55 连铸板坯中心裂纹对比检验（横向断面，2×）

（a）硫印检验；（b）枝晶腐蚀；（c）冷酸腐蚀；（d）热酸腐蚀

中心裂纹形成原因一般是凝固末期、中心狭窄糊状区、受应力作用或夹辊辊缝偏大造成。

中心裂纹 4%硝酸酒精腐蚀（金相照片）如图 5-56 所示。

图 5-56 中心裂纹金相照片（横向断面，100×）

5.2.26 20SiMn2 连铸板坯 B 类中心偏析对比检验和分析

5.2.26.1 B 类中心偏析对比检验

20SiMn2（0.215%C、0.75%Si、1.63%Mn、0.014%P、0.003%S）连铸板坯中心偏析对比检验如图 5-57 所示。钢的规格为 250mm×1700mm，中包温度为

1553℃，拉速为0.88m/min。取同一个试样，在铸坯中心偏析处取样，进行硫印检验、枝晶腐蚀、冷酸腐蚀和热酸腐蚀对比检验。

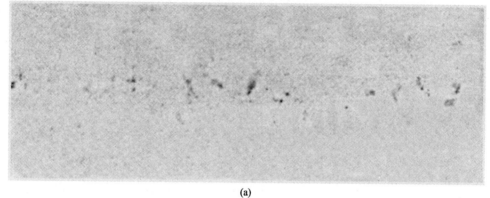

(a)

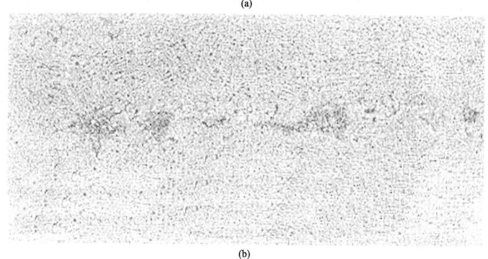

(b)

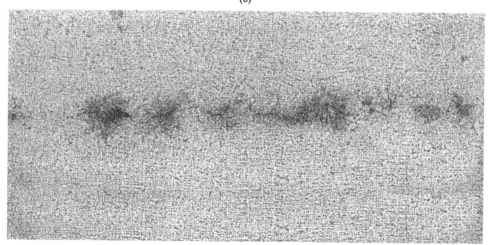

(c)

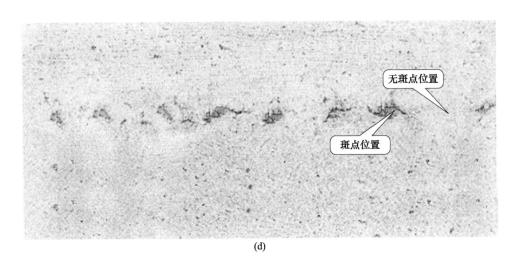

(d)

图 5-57　连铸板坯中心偏析对比检验（横向断面，2 ×）

（a）硫印检验；（b）枝晶腐蚀；（c）冷酸腐蚀；（d）热酸腐蚀

硫印检验 B 类中心偏析最轻，评 1.0 级，这是因为硫含量低（0.003% S）的缘故；枝晶腐蚀和热酸腐蚀评 B 类中心偏析 2.0 级；冷酸腐蚀可评 B 类中心偏析 2.5 级。硫印检验中心偏析最轻，冷酸腐蚀中心偏析最重。

5.2.26.2　B 类中心偏析有、无斑点位置对比分析

如图 5-57（d）所示，在铸坯厚度中心 B 类中心偏析有偏析斑点位置和无偏析斑点位置对比取样，做化学成分分析和金相检验。

化学成分分析见表 5-1，偏析斑点上五种元素都高于偏析斑点附近位置（无偏析斑点处）。采用 4% 硝酸酒精腐蚀做金相检验发现，中心偏析斑点位置为共析珠光体组织，如图 5-58（a）所示；而中心偏析斑点附近无斑点位置为珠光体 + 铁素体组织，如图 5-58（b）所示；过渡区如图 5-58（c）所示，组织为共析珠光体和珠光体 + 铁素体组织。

表 5-1　B 中心偏析斑点位置与无斑点位置化学成分对比分析　　　　（%）

成　　分	C	Si	Mn	P	S
中心偏析斑点位置	0.308	0.97	1.83	0.020	0.003
中心偏析斑点附近（无斑点位置）	0.194	0.74	1.69	0.016	0.002
熔炼化学成分	0.215	0.75	1.63	0.014	0.002

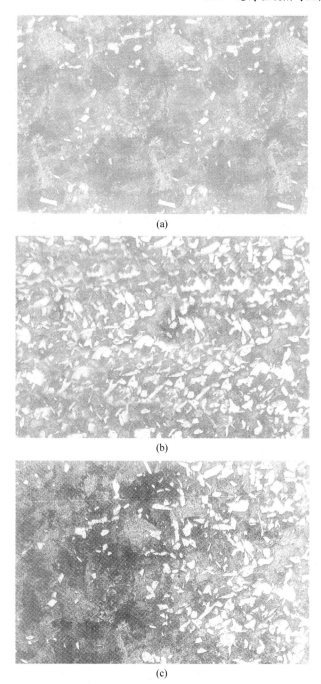

图 5-58　连铸板坯 B 类中心偏析斑点位置和附近金相组织（横向断面，40×）

（a）B 类中心偏析斑点位置共析珠光体组织；（b）B 类中心偏析无偏析斑点位置珠光体 + 铁素体组织；

（c）B 类中心偏析斑点（珠光体共析组织）和无斑点过渡区（珠光体和铁素体组织）

5.2.27 Q345B 连铸板坯中心偏析对比检验

Q345B（0.17% C、0.36% Si、1.53% Mn、0.016% P、0.002% S）连铸板坯规格为 300mm×1950mm。对同一个试样的 B 类中心偏析，进行硫印检验、枝晶腐蚀和冷酸腐蚀三种方法对比检验，如图 5-59 所示。

硫印检验的偏析类型为 C 类中心偏析，偏析级别为 0.5 级。

冷酸腐蚀的偏析类型为 B 类中心偏析，偏析级别为 1.5 级。

枝晶腐蚀的偏析类型为 B 类中心偏析，偏析级别为 1.0 级。

可见，硫印检验与枝晶腐蚀对比，偏析类型从 B 类降到 C 类，偏析级别从 1.0 级降到 0.5 级；而冷酸腐蚀偏析级别最高，偏析类型 B 类，级别 1.5 级。

这种现象是因为，硫印检验相纸上的稀硫酸水溶液只与 0.002% S 偏析元素发生反应；而冷酸腐蚀和枝晶腐蚀试剂除了与铸坯上 S 反应外，还同时与偏析元素 C、Mn 和 P 反应，所以硫印检验偏析类型和级别都低于冷酸腐蚀和枝晶腐蚀。

三种方法对比，冷酸腐蚀偏析缺陷级别最高，达到 1.5 级，因为冷酸腐蚀试剂酸浓度比枝晶腐蚀试剂浓度高，腐蚀时间比枝晶腐蚀时间长，所以造成偏析斑点扩大和模糊。

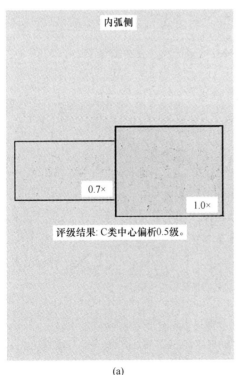

(a)

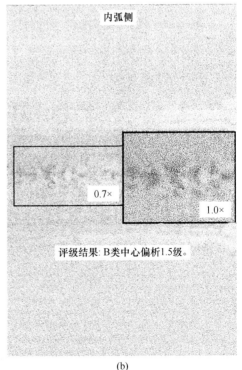

(b)

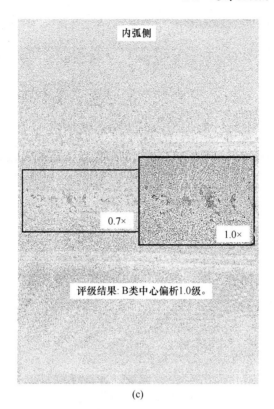

(c)

图 5-59 连铸板坯中心偏析对比检验 (横向断面)

(a) 硫印检验; (b) 冷酸腐蚀; (c) 枝晶腐蚀

5.2.28 GCr15 轴承钢连铸坯未退火与退火凝固组织对比检验

轴承钢 GCr15 （1.0% C、1.52% Cr、0.25% Si、0.35% Mn、≤0.025% P、≤0.025% S、≤0.10% Mo、≤0.305% Ni、≤0.25% Cu）连铸矩形坯 (330mm×270mm) 用同一个试样进行未退火与退火凝固组织对比检验。

5.2.28.1 对试样未进行热处理

如图 5-60 所示, 枝晶腐蚀和冷酸腐蚀未显示任何凝固组织, 而热酸腐蚀显示一些树枝晶凝固组织, 但不是很清楚。

5.2.28.2 对试样进行 800℃ 保温 2 小时退火

如图 5-61 所示, 枝晶腐蚀和热酸腐蚀显示树枝晶凝固组织清楚, 而且形貌类似。冷酸腐蚀还是无树枝晶组织出现。

5.2.28.3 对试样进行 850℃ 保温 2 小时退火

如图 5-62 所示, 枝晶腐蚀和热酸腐蚀显示枝晶凝固组织清楚, 且形貌类似。冷酸腐蚀无树枝晶组织出现。

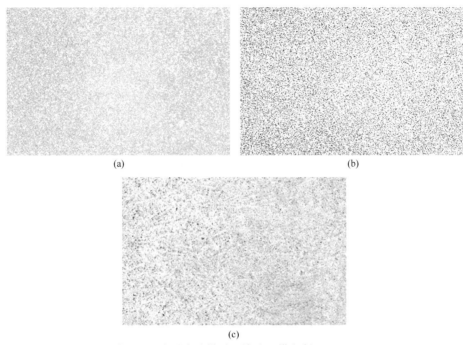

(a)

(b)

(c)

图 5-60　未退火试样对比检验（横向断面，2 ×）

（a）枝晶腐蚀；（b）冷酸腐蚀；（c）热酸腐蚀

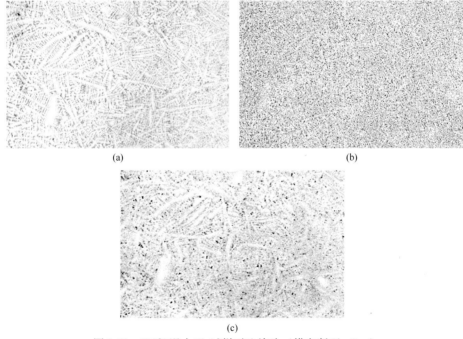

(a)

(b)

(c)

图 5-61　800℃退火 2h 试样对比检验（横向断面，2 ×）

（a）枝晶腐蚀；（b）冷酸腐蚀；（c）热酸腐蚀

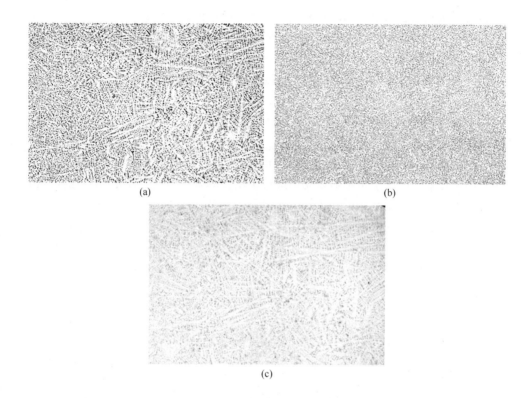

图 5-62 850℃退火 2h 试样对比检验（横向断面，2×）
（a）枝晶腐蚀；（b）冷酸腐蚀；（c）热酸腐蚀

综上所述，未退火试样显示凝固组织效果都不好（尽管热酸腐蚀显示一些树枝晶凝固组织），经退火试样枝晶腐蚀和热酸腐蚀显示凝固组织效果良好，但冷酸腐蚀显示凝固组织效果仍然不好。检验者初步认为，经退火枝晶腐蚀和热酸腐蚀显示效果良好，可能是由于退火消除应力，或经退火后，凝固组织发育趋向更完整一些，提高了凝固组织的显示效果。对此问题应该进一步开展试验和研究工作。

另外，三种检验方法中，枝晶腐蚀显示效果最好，冷酸腐蚀显示效果最差，热酸腐蚀显示效果居中。

5.2.29　16Mn 连铸板坯偏析和中间裂纹缺陷演变

16Mn 连铸板坯（230mm×1650mm）由 230mm 厚度板坯热轧成 40mm 钢板（图 5-63 的上、下缘是钢板的表面）。其经超声波探伤不合，做枝晶腐蚀检验，结果如图 5-63 所示。由图可以获得下列信息：

（1）由钢板凝固组织观察到，上面柱状晶长，等轴晶层薄，而下面等轴晶层和交叉树枝晶层较厚，可以判断图的上缘对应连铸坯的内弧侧。

（2）由钢板凝固组织观察到柱状晶发达，等轴晶层薄，可以判断连铸坯柱状晶发达，等轴晶层薄。

（3）由钢板凝固组织观察到中心偏析连续，可判断连铸坯 A 类中心偏析严重。

（4）由钢板凝固组织观察到中间裂纹只是因轧制产生倾斜，没有达到焊合，可以判断连铸坯中间裂纹开口宽度较大。

（5）由钢板凝固组织观察到钢板仍然保持连续中心偏析和保持枝晶凝固组织，说明轧制道次压下量不够，变形渗透不足，应采用道次大压下轧制规程，破碎柱状晶，改善或减轻偏析和疏松，压合显微孔隙。

可见，枝晶腐蚀低倍检验不但能够检验连铸坯的凝固组织和缺陷，而且还可以检验尺寸较大的钢材的凝固组织和缺陷的演变情况；连铸坯的凝固组织和缺陷对钢材有明显的遗传性。

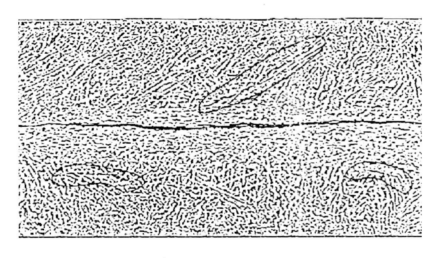

图 5-63　钢板凝固组织和缺陷的演变（横向断面，2×）

参 考 文 献

［1］李平，关勇，唐雪峰. 电脉冲处理钢液改善铸坯凝固组织的工业化试验［J］. 过程工程学报，2006，6（S1）：57～61.

［2］战国锋，王恩刚，蒋恩. 电磁搅拌对 GH3030 高温合金铸态组织的影响［J］. 特种铸造及有色合金，2012，32（1）：6～9.

［3］En-gang Wang, En Jiang, Guofeng Zhan. Solidification Structure of Incoloy800 Superalloy with Electromagnetic Field［J］. Materials Science Forum，2012，706～709，2480～2483.

［4］许秀杰，邓安元，王恩刚，等. 高频电磁场对 15CrMo 连铸坯表面质量和等轴晶率的影响

机理［J］. 金属学报，2009，45（11）：1330～1335.

［5］许庆太，魏伯，赵晓飞，等. 连铸板坯表面纵向裂纹的检验和分析［J］. 物理测试，2007，25（1）：45～47.

［6］肖寄光，王福明. 连铸坯中气泡产生原因分析及判断方法［J］. 宽厚板，2006，12（2）：32～36.

6　连铸钢坯缺陷案例分析

连铸工序作业区是衔接炼钢和轧钢工序的作业区，其将精炼后的钢水经过连续冷却、凝固，浇注成不同种类、不同规格的连铸坯。凝固过程铸坯边运行、边冷却、边凝固、边夹持、边弯曲、边矫直，同时坯壳要经受液相穴钢水静压力、热应力和机械应力的作用，坯壳容易产生裂纹、疏松、偏析和缩孔等缺陷。由于连铸坯的缺陷对钢材的质量指标有直接影响，因此为了提高钢材质量，在连铸工序中减少或消除连铸坯缺陷，具有十分重要的意义。

连铸坯是在工艺参数相同、设备状态一样及操作方法大致相近的条件下生产出来的，因为是连续、批量的生产，所以一旦产生缺陷，一般情况下涉及范围都比较宽，铸坯产生缺陷数量比较多，不是个别局部、偶然现象，是典型的缺陷案例。

本章选取 18 个连铸坯缺陷典型案例，介绍案例概况、生产条件、检验结果、分析意见、结论或防止措施，供读者参考。

6.1　SS400B 热轧钢板边部表面缺陷

6.1.1　概况

（1）连铸坯试样。

1）钢种：SS400B（0.21% C、0.24% Si、0.56% Mn、0.026% P、0.013% S、0.01% Als）。

2）规格：45mm×2438mm 热轧钢板。

（2）主要生产工艺。转炉冶炼→LF 炉外精炼→板坯连铸→热轧 45mm 厚度钢板→入库。

（3）产品缺陷。距钢板边部 10~30mm 产生表面缺陷，有时板材两侧均有，有时部分为单边出现，或个别地方出现边部撕裂现象。钢板表面缺陷如图 6-1 所示。

6.1.2　检验方法与结果

6.1.2.1　酸蚀宏观检验

如图 6-2 所示，钢板表面缺陷经热酸腐蚀后，观察到缺陷呈圆形或椭圆形，明显具有表面气泡或针孔气泡特征。

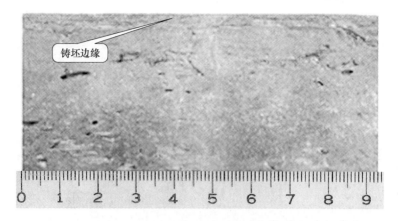

图 6-1　热轧钢板边部表面缺陷实物图

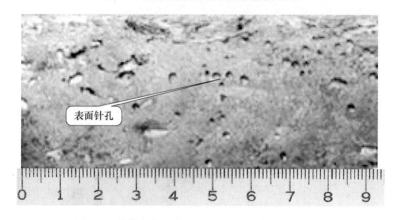

图 6-2　热轧钢板边部表面缺陷热酸腐蚀后实物图

6.1.2.2　金相检验

在钢板有缺陷处取横截面金相试样，做金相检验，如图 6-3 所示，裂纹顶端有氧化铁，裂纹根部图的左侧靠近钢板表面有脱碳现象。

沿试样缺陷表面浅磨、抛光，然后用 4% 硝酸酒精腐蚀，显微镜观察如图 6-4 所示，裂纹中有氧化铁，其周围产生不均匀脱碳现象，图右侧上面部分，即裂纹的上面，脱碳明显，晶粒粗大，而裂纹的下面靠图左侧没有脱碳。这表明铸坯加热时，表面气泡（包括针孔）暴露后被氧化和脱碳，而皮下针孔没有暴露，不产生氧化和脱碳现象。在裂纹与脱碳层之间有雾状氧化物条带，说明这个位置气泡在加热炉中已经充分暴露。

6.1.2.3　扫描电镜 SEM 检验和能谱分析

对有表面缺陷的试样，打断口后做扫描电镜 SEM 观察，如图 6-5 所示。图中黑色孔洞是皮下针孔气泡，其周围白色条纹是钢液在凝固过程中气体旋转作用产生的痕迹[1,2]，即按螺旋形生长形成的台阶花样。

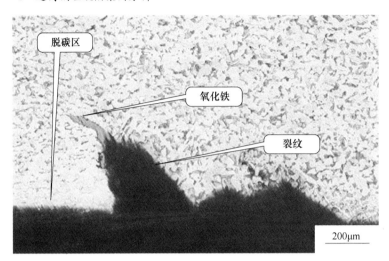

图 6-3   钢板边部裂纹处金相组织（横向断面）

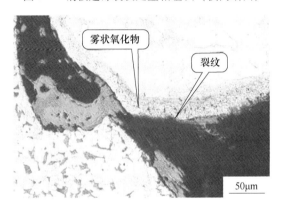

图 6-4   沿钢板边部裂纹处金相组织（沿浅表面研磨）

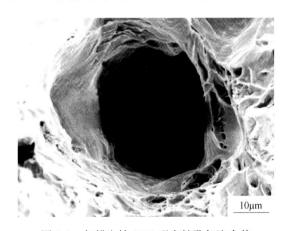

图 6-5   扫描电镜 SEM 观察针孔气泡全貌

扫描电镜检验发现缺陷中有少量夹杂物, 如图 6-6 所示, 能谱分析成分为 Al_2O_3, 尺寸很小, 系脱氧产物, 图中圆球状物是氧化铁。

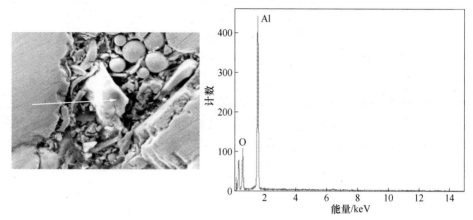

图 6-6 表面缺陷中夹杂物扫描电镜 SEM 图像及能谱曲线

6.1.3 分析意见

酸蚀宏观检验、金相检验和扫描电镜观察, SS400B 钢板边部表面缺陷是连铸坯表面气泡和皮下针孔气泡造成的。金相检验有氧化、脱碳和雾状氧化物, 证明连铸坯表面气泡在加热炉中已被氧化, 轧制时不能焊合。同时, 轧制时有的皮下气泡也暴露出来了, 增加了缺陷的严重程度。

连铸过程产生气泡缺陷的主要来源有 3 种[1,2]:

(1) 脱氧不良。转炉终点控制不好, 钢水产生过氧化, $w[Als] < 0.003\%$, 容易产生气泡缺陷。

(2) 外来气体。外来气体包括空气和氩气两个方面。空气侵入与裸露浇注和保护浇注不良有关; 氩气侵入与浸入式水口吹氩操作有关。

(3) 水蒸气侵入。精炼过程中添加的合金、造渣料、大中包覆盖剂、结晶器保护渣干燥不好, 耐火材料潮湿, 大包、中包烘烤不干等都会造成水蒸气侵入。

6.1.4 结论

SS400B 钢板边部表面缺陷是连铸坯表面气泡和皮下针孔气泡造成的。

6.2 BNS 低合金钢管内折缺陷与管坯等轴晶的关系

6.2.1 概况

(1) 连铸坯试样。

1) 钢种: BNS 低合金钢(0.08% C、0.024% Si、1.16% Mn、0.0045% P、0.0001% S)。

2）规格：ϕ200mm 连铸圆坯。

3）气体含量：气体［H］、［O］、［N］分别为 1.7×10^{-6}、15×10^{-6}、27.5×10^{-6}。

（2）主要生产工艺。冶炼→炉外精炼→连铸→轧管→探伤。

（3）产品缺陷。经穿管后，钢管产生内折表面缺陷高达 20%。

6.2.2　检验结果

枝晶腐蚀低倍检验结果如图 6-7 所示，连铸坯试样等轴晶率 23%，等轴晶偏离几何中心，下沉 15mm，向左偏斜 15mm。等轴晶区右侧边缘 5 处有混杂柱状晶，见图 6-7 中①~⑤。柱状晶和等轴晶放大 3 倍，其形貌清楚。

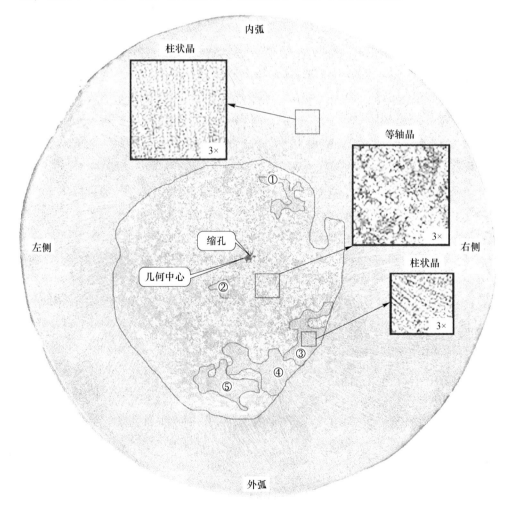

图 6-7　圆管坯等轴晶少、偏斜和下沉凝固组织（横向断面，0.7 ×）

6.2.3　分析意见

由检验结果可见，连铸圆管坯等轴晶率低（23%），等轴晶区向下和向左偏斜15mm，整个等轴晶区偏离几何中心，造成穿管顶头鼻部进入铸坯柱状晶区，产生变形不均匀性。

经过对连铸管坯工艺参数（过热度、拉速）及柱状晶级别 GSN 值和内折率 N 的关系进行研究，得到回归方程式[3,4]：

$$N = e^{-0.23} + 0.71GSN \tag{6-1}$$

由回归方程知圆管坯柱状晶凝固组织是导致内折缺陷的主要因素。如图6-7所示，等轴晶区右侧还有5个暗色区①～⑤是柱状晶残块，对穿管变形产生非常不利的影响。统计结果表明，本炉钢管坯穿管内折缺陷高达20%。

经厂方改进连铸工艺，等轴晶率提高到36%，向下偏心4～5mm，穿管成品钢管内折缺陷消除。

本案例连铸圆管坯虽然硫、磷杂质含量很低，残余气体含量很少，钢质洁净度很高，但柱状晶发达，等轴晶率低和等轴晶偏心，最终还是产生穿管内折缺陷，可见铸坯凝固组织对穿管内折缺陷有明显影响。

6.2.4　结论

BNS 低合金钢管由于等轴晶率低（23%），等轴晶区向下和向左偏斜15mm，加上等轴晶区有柱状晶残块，因此造成穿管内折缺陷高达20%；等轴晶率提高到36%，向下偏心4～5mm，穿管内折缺陷消除。

6.3　SAE1008 盘条轧制劈裂产生原因分析

6.3.1　概况

（1）连铸坯试样。

1）钢种：SAE1008（0.017%C、0.14%Si、0.32%Mn、0.025%P、0.025%S）。

2）规格：150mm×150mm 小方坯→轧制成 ϕ5.5～6.5mm 盘条。

3）取样：在铸坯中心取 80mm×80mm。

（2）主要生产工艺。转炉冶炼→LF 炉外精炼→小方坯连铸→热轧盘条→入库。

（3）产品缺陷。150mm×150mm 小方坯→轧制成 ϕ5.5～6.5mm 盘条产生劈裂缺陷。

6.3.2　低倍检验结果

该厂原来采用冷酸腐蚀低倍检验方法检验连铸坯质量，认为劈裂缺陷是因为有夹杂物而产生，显然是冷酸腐蚀检验误报造成劈裂缺陷没有解决。

现在对有缺陷的试样做枝晶腐蚀与冷酸腐蚀对比检验，如图6-8所示。

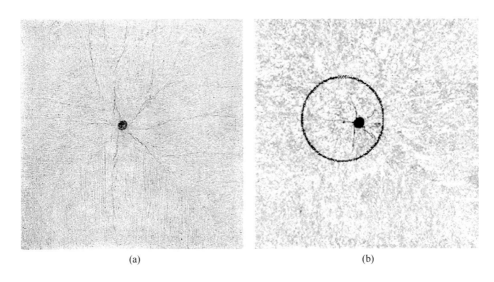

(a)　　　　　　　　　　　　　　(b)

图6-8　放射状中心裂纹对比检验（横向断面，1×）

（a）枝晶腐蚀；（b）冷酸腐蚀

根据《连铸钢方坯低倍枝晶组织缺陷评级图》（YB/T 4340—2013）评级，图6-8（a）枝晶腐蚀中心裂纹较严重，大于4.0级，图6-8（b）冷酸腐蚀中心裂纹较轻，小于1.0级。图6-8（b）圆形框内是冷酸腐蚀显示裂纹开口宽度较大区域，而圆形框外是冷酸腐蚀无裂纹的区域，即裂纹开口宽度较小，冷酸腐蚀掩盖了这些开口宽度较小的裂纹缺陷区域。

劈裂产生原因是，如图6-8（a）所示，连铸坯柱状晶发达，中心裂纹呈放射状，沿柱状晶间分布。柱状晶间含有较高的偏析元素（0.025%S、0.025%P），是裂纹形成时，熔点低的富偏析元素钢水流入柱状晶间，即流入放射状的裂纹中。S、P偏析元素存在裂纹中，产生热脆性，形成薄弱环节，当连铸坯被轧成ϕ5.5~6.5mm盘条时导致劈裂。而且w(Mn/S)较低（12.8），加剧了劈裂的产生。

原来采用冷酸腐蚀检验连铸坯质量，未发现铸坯中心有严重的放射状裂纹，更没有发现铸坯柱状晶发达。可见，对于低碳钢（0.05%~0.08%C）冷酸腐蚀掩盖柱状晶凝固组织和裂纹缺陷。

这种劈裂现象在现场有时可能发生设备和人身事故，应该十分注意。

6.3.3 结论

SAE1008 盘条由于 S 和 P 偏析元素含量高、柱状晶发达（穿晶）和放射状中心裂纹严重，因此盘条轧制产生劈裂现象。

6.4 二冷电磁搅拌对硅钢连铸坯质量的影响

6.4.1 概况

（1）连铸坯试样。
1）钢种：取向硅钢。
2）规格：230mm 厚度连铸板坯。
3）取试样尺寸：230mm（高度）×50mm（宽度）。
（2）主要生产工艺。铁水预处理→转炉冶炼→吹氩站→RH 精炼→连铸。
（3）检验目的。对 230mm 厚度铸坯施加二冷电磁搅拌 S-EMS，与不施加二冷电磁搅拌对比，观察质量差别。

6.4.2 检验结果

未施加二冷电磁搅拌 S-EMS 铸坯的凝固组织和缺陷如图 6-9 所示。
（1）柱状晶发达，产生"穿晶"，等轴晶率为零；
（2）中心偏析连续，按标准评 A 类中心偏析2.0 级，A 类中心偏析附近有负偏析；
（3）内弧侧有一条中间裂纹。
施加二冷电磁搅拌 S-EMS 铸坯的凝固组织和缺陷如图 6-10 所示。
（1）柱状晶长度减小，等轴晶增加，等轴晶率为49%；
（2）中心偏析分散，按标准评 C 类中心偏析0.5 级；
（3）二冷电磁搅拌产生"白亮带"。

6.4.3 分析意见

经二冷电磁搅拌 S-EMS 铸坯的凝固组织得到如下改进：
（1）等轴晶。二冷电磁搅拌 S-EMS 作为改善无取向硅钢连铸板坯质量的有效技术得到了广泛应用，并取得了理想的效果。二冷电磁搅拌 S-EMS 使柱状晶被折断，成为生成等轴晶的核心；增加钢水流动性，加强对流和固液相间热传导，降低过热度，降低凝固前沿温度梯度，抑止晶体定向增长，促进等轴晶的增长[5]。如图 6-9 和图 6-10 所示，无电磁搅拌等轴晶率为零，施加电磁搅拌等轴晶率增加到49%。

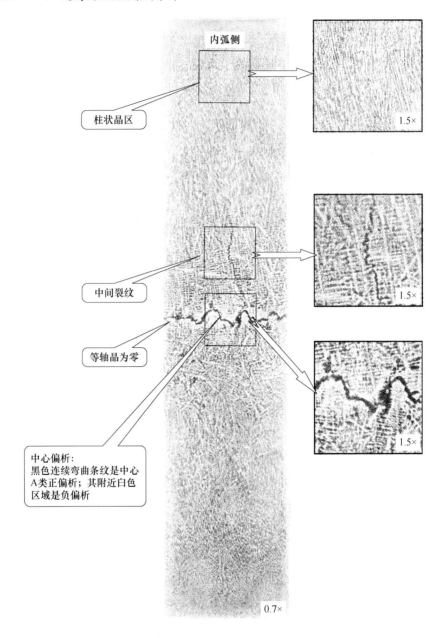

图 6-9   未施加二冷电磁搅拌 S-EMS 铸坯的凝固组织和缺陷（横向断面）

（2）中心偏析。无电磁搅拌，如图 6-9 所示，铸坯产生中间裂纹和 A 类中心偏析。有电磁搅拌，如图 6-10 所示，铸坯等轴区中的中心偏析分散、轻微。

图 6-9 中心 A 类正偏析附近的白色区域是负偏析，这是因为产生正偏析时钢水发生流动的缘故。

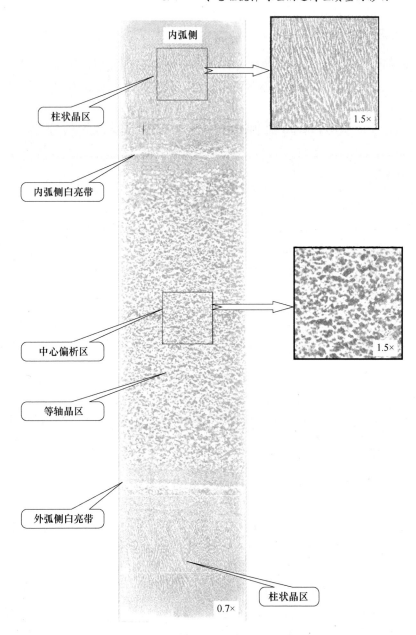

图 6-10 施加二冷电磁搅拌 S-EMS 铸坯的凝固组织和缺陷（横向断面）

（3）电磁搅拌产生"白亮带"。一般认为"白亮带"是一种宏观负偏析带，它在轧制和热处理过程中无法消失，会影响轧材质量的均匀性，对调质钢材影响较大，对一般用途钢质量没有多大影响。电磁搅拌导致白亮带产生的原因是溶质冲刷机理。

6.4.4 结论

对硅钢铸坯施加二冷电磁搅拌 S-EMS 后，等轴晶率大幅度升高，A 类中心偏析分散，形成 C 类中心偏析，但铸坯中产生"白亮带"负偏析缺陷。

6.5   大方坯内弧侧凹陷产生皮下裂纹缺陷分析

6.5.1 概况

（1）连铸坯试样。

1）钢种：中碳钢（0.18% C、0.26% Si、0.45% Mn、0.022% P、0.012% S）。

2）规格：280mm×280mm 大方坯。

（2）主要生产工艺。转炉冶炼→LF 炉精炼→方坯连铸 280mm×280mm 大方坯。

（3）检验目的。大方坯内弧侧凹陷产生皮下裂纹缺陷分析。

6.5.2 检验结果

如图 6-11(a) 所示，在位于铸坯宽度约 280mm 中心位置，内弧侧表面向内凹陷深度 18mm。距离内弧侧表面 22mm 以下形成一条"白亮带"，即负偏析带。"白亮带"本身宽度 12mm，在"白亮带"和其附近柱状晶间产生许多条裂纹。

6.5.3 分析意见

从铸坯外形来看，如图 6-11(a) 所示，大方坯内弧侧表面位于宽度中心位置，形成表面凹陷（凹陷深度 18mm），考虑其主要是由于足辊和零段冷却强度太高造成的。如图 6-11(b) 所示，内弧侧表面过冷，受压应力，引起铸坯收缩，出现凹陷。铸坯两个侧面受拉应力，从而沿柱状晶晶间开裂，形成皮下裂纹，与板坯侧边凹陷形成三角区裂纹情况类似[6]。

另外，距内弧侧凹陷面 22mm 处有一条 12mm 宽的"白亮带"，"白亮带"是负偏析带。检验者分析认为，当坯壳厚度为 22mm 时，产生压缩，坯壳发生向内移动，使在坯壳凝固前沿富含溶质元素的钢水流走、分散，留下金属溶质含量低，尤其是碳含量低的钢水，产生负偏析，留下"白亮带"。

6.5.4 结论

足辊和零段冷却不良引起大方坯内弧侧表面凹陷，两个侧面受拉应力，产生皮下裂纹缺陷。

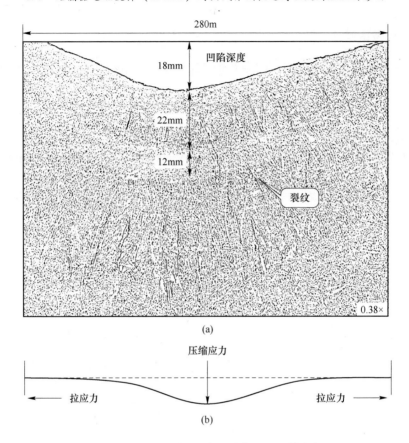

图 6-11　产生皮下裂纹缺陷枝晶腐蚀图（横向断面）
（a）实物图；（b）产生皮下裂纹应力曲线

6.6　结晶器电磁搅拌（M-EMS）对贝氏体钢轨连铸坯凝固组织的影响

6.6.1　概况

（1）连铸坯试样。

1）钢种：重轨。

2）规格：380mm×280mm 矩形坯。

（2）主要生产工艺。铁水脱硫→转炉冶炼→挡渣出钢→吹氩→LF→VD 炉精炼→连铸。

（3）检验目的。对贝氏体钢轨连铸坯施加结晶器电磁搅拌 M-EMS，与不施加结晶器电磁搅拌对比，观察连铸坯凝固组织的差异。

6.6.2 检验结果

不施加结晶器电磁搅拌 M-EMS 贝氏体钢轨坯枝晶腐蚀凝固组织如图 6-12 所示。

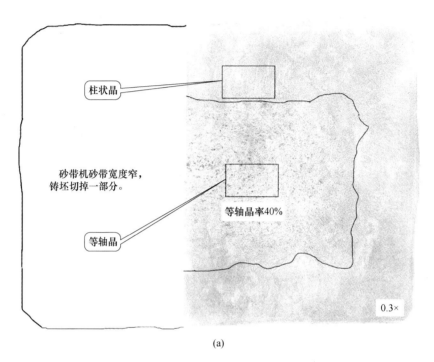

柱状晶

砂带机砂带宽度窄，
铸坯切掉一部分。

等轴晶率40%

等轴晶

0.3×

(a)

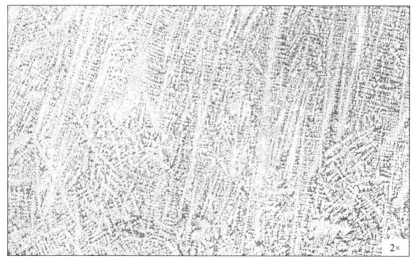

2×

(b)

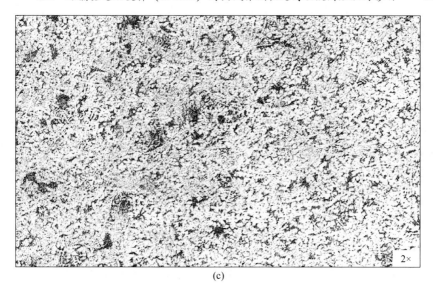

(c)

图 6-12 无电磁搅拌贝氏体钢轨坯枝晶腐蚀凝固组织（横向断面）
（a）凝固组织全图；（b）柱状晶发达（较少交叉树枝晶）；（c）无交叉树枝晶

（1）柱状晶生长强健、发达，交叉树枝晶较少。

（2）等轴晶率40%。

（3）等轴晶区无交叉树枝晶的痕迹。

施加结晶器电磁搅拌 S-EMS 贝氏体钢轨坯枝晶腐蚀凝固组织如图 6-13 所示。

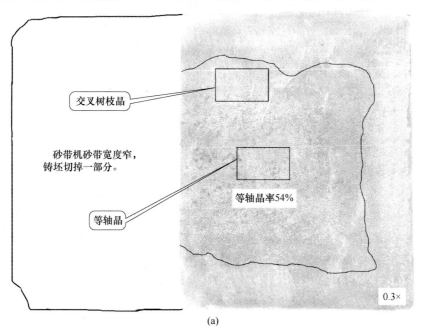

(a)

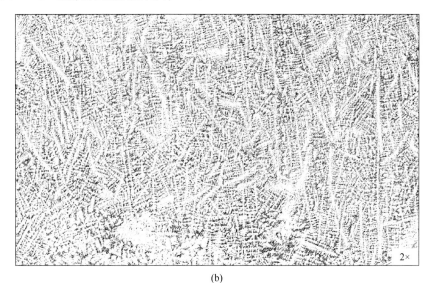

(b)

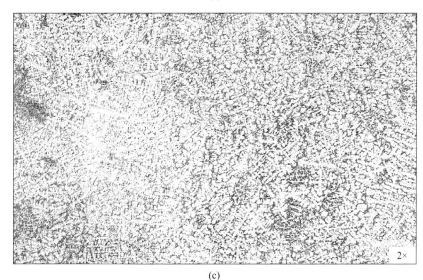

(c)

图 6-13 施加电磁搅拌贝氏体钢轨坯枝晶腐蚀凝固组织（横向断面）

（a）凝固组织全图；（b）等轴晶区上部为交叉树枝晶；（c）等轴晶区内增加了交叉树枝晶

（1）柱状晶减少，增加了交叉树枝晶。

（2）等轴晶率 54% ，比未施加电磁搅拌增加 14% 。

（3）等轴晶区增加了很多交叉树枝晶。

6.6.3 分析意见

（1）结晶器电磁搅拌 M-EMS 铸坯交叉树枝晶和等轴晶增加。

无电磁搅拌柱状晶生长强健、发达，交叉树枝晶较少。而施加电磁搅拌，等轴晶区上部为交叉树枝晶，说明结晶器电磁搅拌 M-EMS 可以有效地改善铸坯凝固组织，增加交叉树枝晶和等轴晶。

铸坯的等轴晶比率由无电磁搅拌作用下的 40%，提高到有电磁搅拌作用下的 54%。

施加电磁搅拌以后，铸坯凝固初期的铸型热流量明显增加，促进了钢液过热度的耗散，使得铸坯内的温度分布趋于均匀，降低了凝固前沿的温度梯度。这不仅抑制了柱状晶的发展，而且在钢液内部等轴晶容易形核，有利于等轴晶凝固组织的形成[7,8]。

（2）交叉树枝晶和等轴晶的关系。

由于对铸坯施加结晶器电磁搅拌 M-EMS，等轴晶区增加了交叉树枝晶。关于交叉树枝晶的形成，检验者分析认为有两个因素：一是随着坯壳增厚，柱状晶垂直结晶器壁的生长方向变弱，逐渐改变了方向，二是电磁搅拌的循环流折断了柱状晶，柱状晶落入液相穴，形成交叉树枝晶的凝固组织。交叉树枝晶的晶轴彼此交叉和镶嵌，与等轴晶起到相同的作用，增加了铸坯（或钢材）各相同性效应。

6.6.4 结论

贝氏体钢轨施加结晶器电磁搅拌 S-EMS，等轴晶率由 40% 增加到 54%，等轴晶区增加了交叉树枝晶。

6.7 20 钢粘结漏钢事故分析

漏钢一般有开浇漏钢，粘结漏钢和浇注过程漏钢三种。其中粘结漏钢发生频率最高，占总漏钢数 50% 以上，甚至有报道粘结漏钢发生频率能够达到 65% ~ 80% 或更高[9]。漏钢给冶金厂造成很大经济损失，国外的一份研究报告指出，漏钢给冶金厂造成损失在 20 万美元左右[10]，因此，粘结漏钢事故深受人们的关注。

6.7.1 概况

（1）结晶器。板式组合弧形结晶器，其长度为 800mm，结晶器半径为 12m。

（2）钢种和规格。20 号钢（0.19% C、0.23% Si、0.48% Mn、0.019% P、0.019% S），280mm × 280mm 大方坯。

（3）中包温度和拉速。中包温度为 1544℃，拉速为 0.98m/min。

（4）电磁搅拌。结晶器下部电磁搅拌方式。

（5）主要生产工艺。转炉冶炼→LF 炉精炼→方坯连铸 280mm × 280mm 大方坯。

（6）检验目的。通过实例分析粘结漏钢事故产生的机理和发生的原因。

在漏钢后残留坯壳（长 1580mm）上取样，如图 6-14 所示，从结晶器液面开始，每隔 70mm 连续截取横断面试样，其编号为 1~11。试样 12、13、14 为间隔取样，间距为 200mm，试样本身宽度也为 70mm。图 6-14 中试样左侧为加工检验面，经铣床铣平，磨床磨光，最后做热酸腐蚀低倍检验。

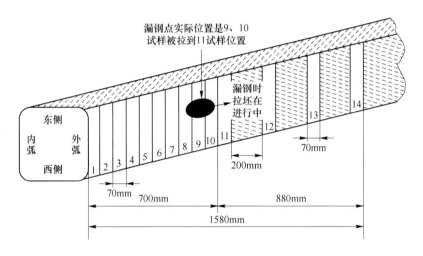

图 6-14　粘结漏钢残留坯壳示意图

漏钢点发生在外弧侧呈椭圆形，长径为 160mm，短径为 130mm。

结晶器长度 800mm，有效长度 700mm。粘结漏钢的漏钢点应该在刚出结晶器下口的试样上发生，即应该发生在试样 11 上，但发生漏钢时拉坯还在进行，结晶器内坯壳试样 10、9 被拉出到试样 11 左侧的位置，漏钢正在发生，所以漏钢点实际是发生在试样 9、10 上，未发生在试样 11 上，如图 6-14 所示。残留坯壳内钢水消耗殆尽，拉出粘结漏钢整个残留坯壳。

6.7.2　检验结果

（1）漏钢点形状特征。粘结漏钢起源于结晶器内部坯壳薄弱环节位置，薄弱环节点一被拉出结晶器出口，在钢水静压力作用下立刻产生漏钢。漏钢点形状一般呈圆形或椭圆形。

（2）漏钢坯壳厚度不均。漏钢点在外弧侧发生，测量外弧侧坯壳厚度，呈现上面厚、下面薄的特点。因为上部坯壳被粘结在结晶器铜壁上，不断被加厚，而下部新生坯壳，没等生长到一定厚度就被拉断了，不断生长，不断被拉断，形成厚度薄弱环节点，所以出结晶器产生漏钢时坯壳最薄。

本案例测试数据见表6-1。外弧侧上部坯壳最厚为23.0mm，往下外弧侧试样8坯壳最薄厚度为6mm。试样11坯壳最薄厚度为4mm，漏钢点坯壳厚度一定小于4mm，估计2~3mm，与最厚坯壳厚度对比相差8~10倍，如图6-15和表6-1所示。

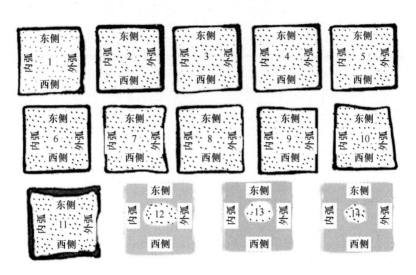

图6-15 残留坯壳横截面实物图（0.06×）

表6-1 残留坯壳外弧厚度

样号	到结晶器液面距离/mm	漏钢坯壳外弧侧坯壳厚度/mm	备 注
1	0	10~23/19.8	残留坯壳最厚位置23mm
2	70	18~22/19.4	
3	140	17~22/19.0	
4	210	15~18/16.4	
5	280	14~17/16.0	
6	350	12~17/14.8	
7	420	7~13/10.0	
8	490	6~9/7.6	残留坯壳最薄位置6mm
9	560	漏钢点	
10	630	漏钢点	
11	700	4~17/9.4	残留坯壳最薄位置4mm

注：表中坯壳厚度的分子是5个点的厚度范围，分母是5个点的平均厚度。

（3）漏钢残留坯壳表面振痕形状特征。残留坯壳表面振痕特征如图 6-16 所示，图 6-16(a) 是铸坯正常振痕形状，振痕彼此平行，漏钢残留坯壳（图 6-16(b)、(c)）振痕分别呈波浪形状和紊乱（皱纹）形状。

(a)

(b)　　　　　　　　　　　　　　(c)

图 6-16　残留坯壳表面振痕实物图

(a) 正常形状振痕；(b) 波浪形状振痕；(c) 紊乱（皱纹）形状振痕

上述检验结果可以作为粘结漏钢的判据：

（1）粘结漏钢点发生在结晶器出口处，漏钢点形状多半呈圆形或椭圆形。

（2）漏钢坯壳是上面厚、下面薄，漏钢点处最薄。

（3）漏钢残留坯壳表面振痕呈波浪形状或紊乱（皱纹）形状。

6.7.3　粘结漏钢机理和过程

粘结漏钢机理如图 6-17 所示。

（1）连铸浇注过程中液渣正常流入，如图 6-17(a) 所示。

（2）结晶器钢水液面波动大，保护渣绝热性不好或粉渣层厚度不足，钢水温度过低[11,12]，都能造成凝壳与渣条接触，阻塞液渣正常流入通道，如图 6-17(b) 所示。

（3）由于坯壳很薄，在钢水压力作用下坯壳被推向结晶器壁，产生粘结形成热点（粘结），如图 6-17(c) 所示。

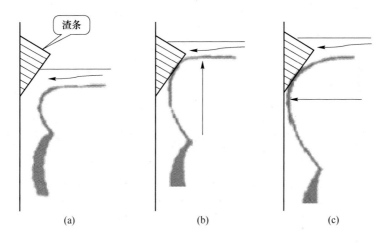

图 6-17　粘结漏钢机理示意图
(a) 液渣正常流入；(b) 阻塞液渣流入；(c) 形成热点（粘结）

此时粘结力大于拉坯力，钢水被粘结在结晶器壁上，这就是产生粘结漏钢的形成机理。

粘结漏钢过程如图 6-18 所示。

在图 6-18(a) 中，A 为粘结在弯月面附近的铸坯坯壳，B 为被拉断的铸坯坯壳；钢液流入被拉断处 D，并形成新的坯壳 C（见图 6-18(b)）；新形成的坯壳 C 很薄，在铸坯向下运行或滑动时又被拉断（见图 6-18(c)）；钢液流入拉断处又形成一个很薄的坯壳（见图 6-18(d)）。这一过程反复进行，直至新坯壳到达结晶器底部时发生漏钢[13,14]。漏钢在结晶器下口发生（见图 6-18(e)），这就是产生粘结漏钢的过程。

6.7.4　影响粘结漏钢的因素

（1）减少结晶器内液面波动。结晶器液面波动时，液渣层上升，容易形成

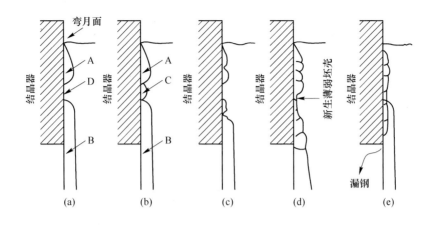

图 6-18 粘结漏钢过程示意图

A—被粘结的坯壳；B—被拉断的坯壳；C—新生薄弱坯壳；D—振痕紊乱位置（皱纹）

渣圈，阻碍液渣正常流入，液态渣膜断裂，造成钢水与结晶器壁直接接触，导致粘结。

结晶器液面波动的原因有：结晶器吹氩过大；水口不对中或吐出孔角度有偏差，造成偏流；水口结瘤（堵塞）。

（2）"恒温恒拉速"浇注操作。坚持"恒温恒拉速"的操作原则，保持浇注工艺稳定，实现恒温浇注，保护渣均匀熔化，坯壳厚度生长均匀。变速操作对粘结最不利，如若变速，变速幅度也不要过大，应该≤0.1m/min。

（3）优化结晶器。

1）结晶器振动。良好的振动条件能保证液渣均匀地流入坯壳和结晶器壁之间便于脱模。偏振增加坯壳与结晶器壁摩擦力，易产生粘结。

2）结晶器锥度。结晶器设计上大下小具有合适的倒锥度，可以改善传热。如果倒锥度过大，结晶器壁与初生坯壳的摩擦力将会增加；如果倒锥度过小，因热流减弱，坯壳变薄，坯壳在出结晶器下口的时候，如果经受不住钢水静压力的作用，就容易造成漏钢。

3）结晶器铜板表面质量。结晶器铜板表面磨损、划伤、镀层脱落、表面粗糙、表面不平等缺陷都会导致浇钢过程中发生粘结。

（4）合理选用保护渣。

1）保护渣的选择。保护渣的选择应该遵循"三低一快"原则：一是熔点低，以充分发挥保护渣在结晶器与坯壳之间的润滑作用，防止粘结事故的发生；二是黏度低，以保证保护渣熔化以后具有良好的流动性，润滑效果良好；三是碱度低，形成渣膜的玻璃相多，可以改善结晶器与坯壳之间的润滑效果；一快是熔速快，在钢水温度低时，可以减少固相渣，增加液渣层厚度。

"三低一快"原则对高碳钢尤其重要，因为高碳钢在结晶器内的收缩量仅为 0.25% 左右，为 Q235 的一半。高碳钢在 1250℃ 时强度急剧下降。受钢水静压力的作用，坯壳紧密接触结晶器铜板，不利于气隙生成，一旦坯壳粘结在铜板上，不易脱离，属于紧密接触，不利于液渣填充与润滑。

应当注意，保护渣黏度也不能过低，过低会产生"沟槽"造成异常流动，也不能形成均匀渣膜，这对粘结漏钢也有不利，同时还容易产生表面纵裂纹。

2）保护渣的加入。保护渣应当均匀地加到结晶器内液面上，这对板坯尤其重要，每次加渣间隔时间不应过长，保护渣加入要做到"少、勤、匀"的原则，保持保护渣合适的三层结构。实行黑渣操作，保证总渣层厚度在 50mm 左右，黑渣层厚 10~15mm，烧结层厚 20~25mm，液渣层厚 10~15mm，渣消耗量应该为 0.5~0.7kg/t，小于 0.3kg/t 易产生粘结。

6.8　80 钢坯偏角内裂纹漏钢事故分析

6.8.1　概况

（1）结晶器。板式组合弧形结晶器，其长度为 800mm，有效长度 700mm；结晶器半径为 12m。

（2）足辊。2 排，每排 4 个，有侧辊（二冷一区）。

（3）支导辊。5 排，每排 4 个，有侧辊（二冷二区）。

（4）钢种和规格。80 钢（0.83% C、0.27% Si、0.66% Mn、0.020% P、0.016% S），380mm×280mm 矩形坯。

（5）中包温度和拉速。中包温度为 1512℃，拉速为 0.75m/min。

（6）电磁搅拌。结晶器下部电磁搅拌方式。

（7）主要生产工艺。转炉冶炼→LF 炉精炼→方坯连铸 380mm×280mm 矩形坯。

（8）检验目的。通过实例分析偏角内裂纹漏钢事故发生的原因和产生机理。

在漏钢后残留坯壳上取样，如图 6-19 所示，从结晶器液面开始，每隔 70mm 连续截取横断面试样，其编号为 1~10。试样 11~25 为间隔取样，间距为 300mm，试样本身宽度为 50mm。图中试样左侧为加工检验面，经铣床铣平，磨床磨光，最后做热酸腐蚀低倍检验。

试样 23、24 是漏钢点试样。

6.8.2　检验结果

漏钢点发生在外弧侧残留坯壳 23 和 24 试样上，漏钢出口呈宽裂缝 650mm×200mm 长条形状。

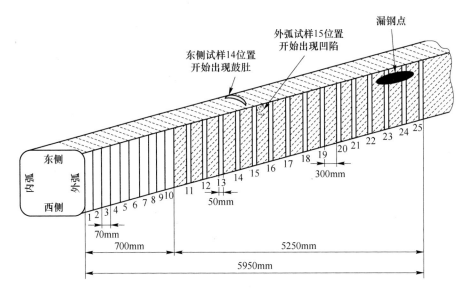

图 6-19　偏角裂纹缺陷漏钢残留坯壳示意图

在 5950mm 残留坯壳东侧，距离结晶器液面 2m 左右，在对应 14 试样上开始产生鼓肚缺陷，牵引在其后试样上产生偏角凹陷。在外弧侧 15 试样位置开始产生偏角凹陷和偏角内裂纹，从上到下裂纹开口宽度加宽，长度增长，条数增多，一直到漏钢点。15~17 号试样出现单条内裂，18~19 号试样出现 2 条内裂，20~22 号试样出现 3 条内裂，23~24 号试样出现 4 条内裂，此时外弧侧凹陷处内裂被撕开，产生偏角内裂纹漏钢，如表 6-2 和图 6-20 所示。

表 6-2　菱变、东侧鼓肚和外弧偏角内裂测量结果

样号	距结晶器液面距离/m	对角线长度 a/mm	对角线长度 b/mm	菱变度 R/%	东侧鼓肚量/mm	外弧偏角内裂长度（开口宽度）/mm
6	0.350	460	458	0.4	1.0	无偏角内裂
7	0.420	462	460	0.4	1.0	无偏角内裂
8	0.490	462	459	0.7	1.0	无偏角内裂
9	0.560	462	459	0.7	1.5	无偏角内裂
10	0.630	461	458	0.7	1.5	无偏角内裂
11	0.700	461	458	0.7	1.5	无偏角内裂
12	1.070	461	457	0.9	0	无偏角内裂
13	1.420	462	457	1.1	1.0	无偏角内裂
14	1.770	462	457	1.1	1.0	无偏角内裂
15	2.120	462	456	1.3	2.0	7.0（<0.4）

样号	距结晶器液面距离/m	对角线长度 a/mm	对角线长度 b/mm	菱变度 R/%	东侧鼓肚量 /mm	外弧偏角内裂长度（开口宽度）/mm
16	2.470	462	457	1.1	3.0	20.0（<0.5）
17	2.820	464	458	1.3	4.5	30.0（0.5）
18	3.170	463	455	1.8	4.0	20.0（1.0）
19	3.520	462	454	1.8	5.0	20.0（1.0）
20	3.870	464	455	2.0	4.5	25.0（1.5）
21	4.220	466	451	3.3	5.0	30.0（2.0）
22	4.570	469	450	4.2	5.0	30.0（3.0）
23	4.920	$a>b$		$R=(a-b)/b\times100\%$		漏钢点
24	5.270					

注：1~5 号试样碎断无法测量，漏钢残留坯壳从试样 6 开始测量。

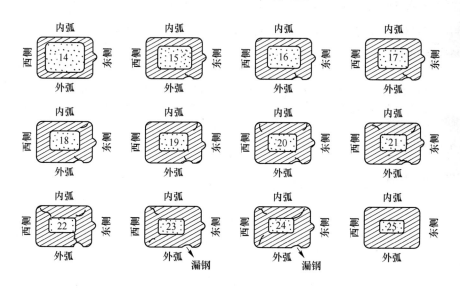

图 6-20   偏角裂纹缺陷漏钢残留坯壳横截面试样示意图

本案例菱变度 R 见表 6-2。在结晶器内 $R=0.4\sim0.7$，出结晶器 $R=0.9\sim2.0$，可是 21 号试样 $R=3.3\%$，22 号试样 $R=4.2\%$，只是在发生漏钢前的 2 个试样上达到了 3.0% 以上菱变度稍高一点，可能是漏钢前严重鼓肚和凹陷引起的。整个漏钢残留坯壳菱变度 R 不高。

6.8.3   漏钢产生原因

据报道[15]，如果没有鼓肚，脱方（菱变）再大也不会单独引起漏钢。也就是说，鼓肚大到一定程度能引起内裂和单独引起漏钢，而脱方大到一定程度只能引起对角线裂纹。有鼓肚又有脱方，脱方只能加剧漏钢的发生。本案例漏钢坯壳菱变度较小，因此漏钢与脱方（菱变）无关。

据连铸现场操作者介绍，支导辊东侧冷却水量小，冷却能力不足。虽然东侧坯壳厚度并不比其他三面坯壳厚度薄多少，但冷却水量小，冷却能力不够，促使东侧坯壳出支导辊后产生回温，导致东侧坯壳温度较高，降低了高温强度，特别是对高碳钢来说，降低高温强度效应明显。分析认为，这就是在东侧产生鼓肚的原因。

鼓肚造成坯壳延伸，对坯壳的破坏力很大，据文献报道[15]，出结晶器后，150mm×150mm 方坯鼓肚量为 1.87mm、90mm×90mm 方坯鼓肚量为 1.41mm 时就可以产生偏角内裂。当坯壳延伸量为 0.03mm 时，作用到偏角附近 10mm 范围内，则应变为 0.03÷10×100% =0.3%，此应变足以使距棱边 40~60mm 偏角凹陷处产生裂纹。

对本漏钢案例进行计算，可得出是由于鼓肚产生偏角内裂造成漏钢。对于 380mm×280mm 的矩形坯，鼓肚量为 5mm，延伸量 $L = \sqrt{76^2 + 5^2} - 76 = 76.16 - 76 = 0.16mm$。如果 0.16mm 的延伸作用到外弧偏角凹陷处附近 10mm 范围内，则应变为 0.16÷10×100% =1.6%。该应变足以在偏角凹陷处凝固前沿产生内裂纹，当形成内裂纹的坯壳鼓肚量增大时，偏角内裂不断增长和加宽，直到凝固坯壳支持不住钢水静压力作用，被撕开产生漏钢。

6.8.4 结论

（1）本漏钢案例与坯壳菱变无关。

（2）连铸坯东侧冷却水量小，冷却能力不够，东侧坯壳出支导辊后（无侧辊）产生回温，降低高温强度，产生鼓肚。

（3）矩形坯是由于东侧坯壳鼓肚和外弧偏角凹陷，产生偏角内裂纹导致漏钢。

6.9 82B 钢绞线拉拔生产断裂和钢丝拉伸试验断裂分析

6.9.1 概况

（1）钢种。82B 钢（0.82% C、0.21% Si、0.74% Mn、0.016% P、0.006% S、0.22% Cr、0.009% Ni、0.009% Cu、0.0015% Mo、0.0024% V、0.003% Al）。

（2）取样。原料是 150mm×150mm 方形连铸坯。钢绞线和钢丝直径是 $\phi 5 \sim 13mm$。

（3）主要生产工艺。铁水脱硫→120t 转炉→LF 炉精炼→12 流弧形连铸机浇注 150mm×150mm 小方坯→热轧盘条→拉拔钢丝。

（4）检验目的。通过缺陷案例分析 82B 钢绞线在拉拔生产过程和钢丝拉伸检验过程中产生脆性断裂的原因。

6.9.2　检验结果和分析

6.9.2.1　断口检验

一般在钢绞线拉拔生产过程中和钢丝拉伸检验过程中产生脆性断裂断口类型很多，其中杯锥状断口占 70% 以上，本案例检验 82B 拉拔钢绞线和钢丝的断口缺陷案例即是如此，如图 6-21 和图 6-22 所示。杯锥状断口一端为圆锥形，呈笔尖状，对应另一端为漏斗形坑洞，呈杯状，所以称笔尖状或杯锥状（或尖窝状）断口。杯锥状断口锥体边缘为明显的剪切唇区，表明断裂起源于钢绞线或钢丝截面的中心，并逐渐沿周边向外扩展的一种特殊的断裂方式。

图 6-21　φ12mm 盘条拉拔成 φ5mm 钢丝断裂实物图

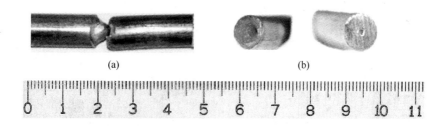

(a)　　　　　　　　　　　(b)

图 6-22　φ6~7mm 钢丝拉力试验断裂实物图
（a）杯状断口变形端；（b）杯状断口未变形端

图 6-22（a）所示为杯状断口变形端，图 6-22（b）所示为杯状断口未变形端，是钢丝拉伸变形的自然端面，右端有约 φ1mm 孔洞，应该是连铸坯残留下来的缩孔。

6.9.2.2　低倍检验

对本案例 150mm×150mm 的 10 个连铸坯中心偏析和缩孔缺陷进行检验，按照《连铸钢方坯低倍枝晶组织缺陷评级图》(YB/T 4340—2013)进行评级,各类评级缺陷均划分为1.0~4.0级4个级别,缺陷严重程度界于相邻两级别之间时可评半级。中心偏析缺陷从0.5级到3.0级,平均为1.3级,缩孔缺陷从0.5级到2.0级,平均为0.95级,可见缺陷级别波动较大。其中,缩孔的形成是由于铸坯在凝固过程中,柱状晶过于发达而产生"搭桥"现象,"桥"下面的液相凝固收缩得不到钢液补充[16]。

连铸坯局部横、纵向偏析和缩孔缺陷如图6-23所示。

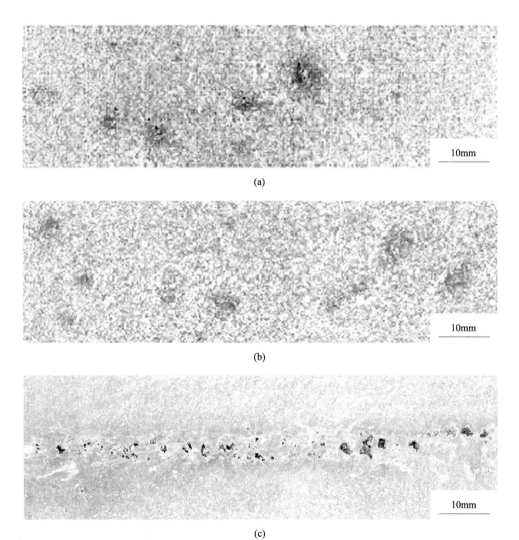

(a)

(b)

(c)

图6-23 150mm×150mm连铸坯中心局部低倍检验结果
(a)横向中心偏析;(b)纵向中心偏析;(c)纵向缩孔缺陷

盘条原料纵向截面低倍检验结果如图6-24所示。盘条原料中心处黑色偏析线分布密集，表明盘条原料中心偏析严重。连铸坯中心成分偏析是导致82B线材拉拔过程产生杯锥状断口的主要原因。

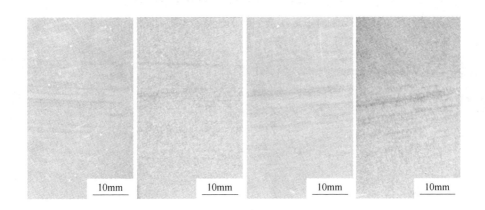

图6-24　φ12mm盘条原料纵向截面中心偏析低倍检验结果

取钢绞线和钢丝纵、横向截面做低倍检验，结果如图6-25所示。纵向截面中心有明显中心偏析和"人"字形裂纹缺陷，横向截面中心有明显中心偏析点或轧制未焊合的孔洞。

图6-25　盘条拉拔和钢丝拉力试验断裂低倍检验实物图

（a）盘条拉拔生产过程中断裂（横向、纵向）；（b）钢丝拉力试验过程中断裂（横向、纵向）

6.9.2.3 金相检验

（1）正常组织。索氏体是金相正常组织，网状碳化物是非正常碳化物。试样经线切割，沿纵向和横向剖开，制成金相试样，经镶嵌、磨制、抛光和用4%硝酸酒精溶液腐蚀后，在光学显微镜下观察金相组织形貌特征。

盘条原材料、钢绞线和钢丝试样金相组织：索氏体，如图6-26～图6-28所示。

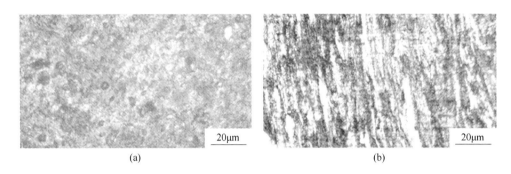

图6-26 φ12mm 盘条原料试样金相组织
（a）横向；（b）纵向

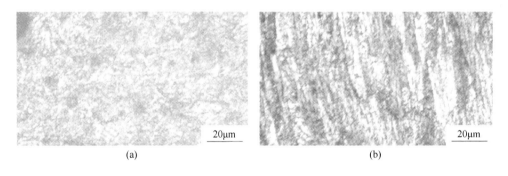

图6-27 盘条拉拔到 φ7mm 钢绞线试样金相检验
（a）横向；（b）纵向

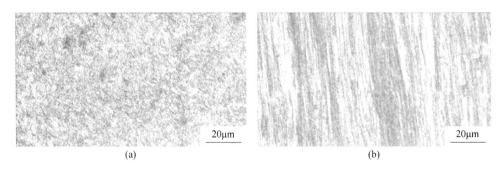

图6-28 φ5mm 钢丝拉力试验金相检验
（a）横向；（b）纵向

在一定条件下，当盘条吐丝后的冷却速度缓慢或最终形变温度过高时，奥氏体相变温度较高（700℃以上），相变时碳的扩散较充分，有利于共析组织中的铁素体和渗碳体片生长，所形成的珠光体片层间距较大，得到较多的粗片状珠光体组织[17]。这对于拉拔钢丝来说是一种不希望出现的组织，本案例没有发现明显的粗片状珠光体组织。

（2）网状渗碳体。网状渗碳体如图 6-29 所示，是一种硬而脆的组织，塑性变形能力几乎为零。网状碳化物削弱了晶粒之间的结合力，在钢受力时，容易沿晶界首先断裂。因此，82B 线材中心存在网状碳化物，是其拉拔过程中容易脆断，形成杯锥形断口的重要原因[18]。

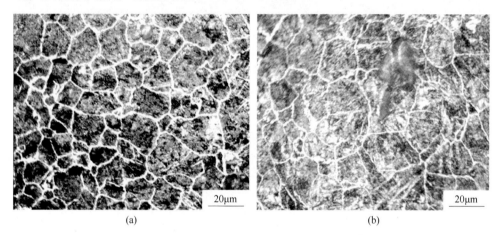

(a)　　　　　　　　　　　　　　　　(b)

图 6-29　试样中网状碳化物组织

（a）φ7mm 横向；（b）φ6mm 纵向

试样内部网状渗碳体的形成主要与连铸坯中心碳偏析有关。同时，过共析钢网状渗碳体析出温度一般为 700~650℃，析出时间 1~3s，吐丝机工作不稳定，吐丝成"绺状"，造成钢丝在辊道上冷却速率不均匀，导致网状渗碳体生成。

（3）缩孔和疏松。缩孔和疏松存在盘条和钢丝中心部位，属于中心缺陷，也是加剧盘条和钢丝断裂的因素，如图 6-30 所示。

6.9.3　结论

82B 钢绞线和钢丝中心部位网状渗碳体、缩孔和疏松是导致钢丝产生断裂，出现笔尖状断口缺陷的直接原因。

6.9.4　改进措施

（1）钢水成分。C、P、S 等元素是铸坯中容易产生偏析的元素，C 应按钢种要求下限控制，同时要求 $w[P] \leqslant 0.0125\%$、$w[S] \leqslant 0.006\%$。

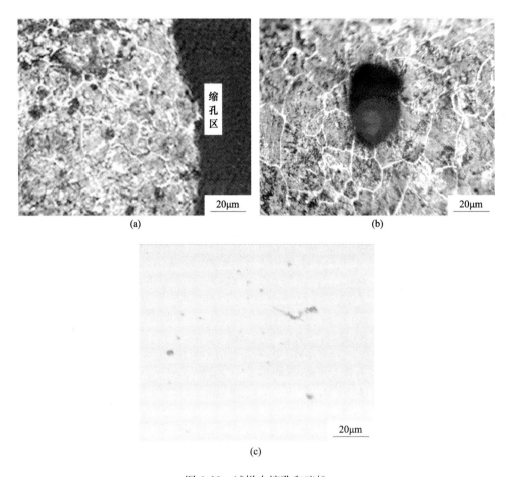

图 6-30　试样中缩孔和疏松

（a）φ7mm 钢丝横向；（b）φ12mm 钢丝纵向；（c）φ5mm 钢丝疏松微孔（抛光态）

（2）连铸过热度。过热度是控制铸坯凝固组织的重要因素。降低过热度，能够提供大量的等轴晶核，生成等轴晶网络，阻止柱状晶的形成。等轴晶使偏析分散，降低偏析缺陷级别。因此应控制过热度 ΔT 在合理范围内，如 $\Delta T \leqslant 25℃$，有利于提高等轴晶率，进而减轻中心偏析。

（3）连铸坯加热。适当增加连铸坯在加热炉中的加热时间和均热温度，有利于中心偏析的减轻。

（4）连铸坯轧制。采用大压下轧制规程，对减轻中心偏析、缩孔和疏松有利，同时要调整好开轧、终轧温度，控制好盘条终冷速度。

（5）连铸坯冷却。铸坯在下线后采取堆垛缓冷措施，可以消除应力和减轻由偏析引起的一些缺陷。

6.10 连铸82A小方坯C、S偏析系数测定

6.10.1 概况

中心部位网状渗碳体、缩孔和疏松造成钢丝产生笔尖状断裂，本质上是来源于铸坯碳、硫偏析系数。计算铸坯偏析系数，可以实现铸坯中心偏析定量计算，比按标准评定级别准确，可以把连铸工艺参数如拉速、过热度、二冷比水量等与偏析系数直接联系起来，进行定量计算。

82A钢（0.83% C、0.23% Si、0.50% Mn、0.011% P、0.004% S）150mm × 150mm连铸小方坯，轧制成盘条，然后拉拔成钢丝，钢丝在拉力试验中产生杯锥断裂，如图6-31所示，与82B案例分析类似。

图6-31 $\phi6 \sim 8mm$ 钢丝拉力试验脆断实物图

6.10.2 工序流程和取样方法

工序流程为：铁水预脱硫→转炉冶炼→钢包精炼→8流连铸→150mm × 150mm连铸小方坯。

铸坯试样经过铣平、磨光加工，除去表面氧化层和试样热影响区后，在横向断面上使用M5的钻头钻取钢屑用于碳、硫分析。

取样点位置及编号如图6-32所示。取样点 +3 是在铸坯内弧与侧弧相交处左上角细小等轴晶区附近钻样，取样点 -3 是在外弧与侧弧相交处铸坯右下角细小等轴晶区附近钻样。从铸坯左上角取样点 +3 位置，通过铸坯中心位置（0点），到铸坯右下角取样点 -3 等距离断续取样。图中 ±3 点是铸坯边缘位置，±2 和 ±1 点是铸坯中部位置，±2 是靠近边缘的中部位置，±1 是靠近中心的中部位置，0点是铸坯中心位置[19]。

6.10.3 铸坯C、S含量分析结果

用高频燃烧红外线法对C、S含量进行分析，结果见表6-3。

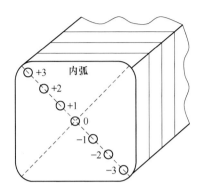

图 6-32 碳、硫分析取样位置示意图

表 6-3 铸坯 C、S 含量分析结果 （%）

取样位置	+3	+2	+1	0	-1	-2	-3	平均值
$w(C)$	0.748	0.8510	0.7740	0.9660	0.7650	0.8300	0.7310	0.8500
$w(S)$	0.006	0.0064	0.0059	0.0085	0.0057	0.0062	0.0056	0.0066

6.10.4 铸坯 C、S 偏析系数计算结果

用 C 的偏析系数表示铸坯各点碳的偏析程度，偏析系数的计算方法见式（6-2）。

$$k_{C,i} = w(C)_{测定值 i} / w(C)_{平均值} \tag{6-2}$$

式中，$k_{C,i}$ 是各取样点位置 C 的偏析系数；$w(C)_{测定值 i}$ 是各取样点位置测定的 C 含量；$w(C)_{平均值}$ 是 7 点 C 含量算数平均值（$w(C)_{平均值}$可用钢水成分代替），其中 $i = 0$，± 1，± 2，± 3。

测定 S 的偏析系数与测定 C 的偏析系数方法相同，测定结果如表 6-4、图 6-33 和图 6-34 所示。

表 6-4 铸坯 C、S 偏析系数计算结果 （%）

取样位置	+3	+2	+1	0	-1	-2	-3
C	0.880	1.00	0.91	1.136	0.90	0.976	0.860
S	0.909	0.97	0.90	1.287	0.88	0.939	0.848

6.10.5 分析意见

（1）中心部位碳、硫偏析严重。如图 6-33 所示，铸坯中心位置（0 点）碳含量最高，碳偏析系数最大（$k_{C,0} = 1.136$）。如图 6-34 所示，中心位置（0 点）硫含量也最高，硫偏析系数也最大（$k_{S,0} = 1.278$）。在中心部位硫比碳偏析严重，

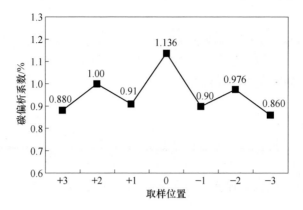

图 6-33　各取样点碳偏析系数曲线

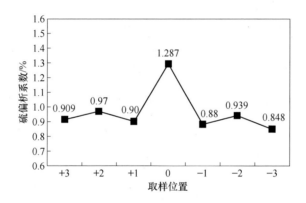

图 6-34　各取样点硫偏析系数曲线

是由于钢水凝固时，硫元素的溶质平衡分配系数是 0.04，而碳是 0.13，因此，硫由固体析出的温度比碳低，低熔点的硫元素被铸坯凝固前沿推到铸坯中心最后凝固下来，造成的硫偏析比碳严重。

　　检验者分析认为，元素偏析系数超过 1.1~1.2 是盘条拉伸产生杯锥断口的根本原因，是断裂概率高的主要影响因素，偏析系数降低到 1.05 左右可能会有好转。钢水在冷却、凝固和结晶过程中发生选分结晶，干净组元先结晶，当偏析系数降低到 1.05 时，碳、硫元素被析出到母液中的含量降低，因此最后形成铸坯中心的碳、硫偏析减轻，有可能不产生杯锥断裂缺陷。

　　(2) 中间部位 ±2 比 ±1 的碳、硫偏析系数高。靠近边缘位置的中间部位 (±2)，比靠近中心的中间部位 (±1) 碳、硫偏析严重。检验者分析认为， ±2 位置是柱状晶和等轴晶交界处，在此位置坯壳达到一定厚度，温度梯度减小了，热流定向传热减弱，柱状晶生长速度变慢，液相穴等轴晶开始形核并长大，柱状晶前沿含碳、硫较高的母液被滞留在柱状晶和等轴晶之间，因此，靠近边缘的中部位置比靠近中心的中部位置碳、硫偏析严重，偏析系数高。

（3）边缘部位 ±3 碳、硫偏析最轻。边缘部位碳含量最低，偏析最轻，因为钢水刚进入结晶器冷却强度大，冷却速度快，凝固坯壳来不及产生偏析时，凝固就完成了，形成激冷层细小等轴晶。

6.10.6 结论

（1）铸坯中心位置碳、硫偏析系数分别达到 1.136% 和 1.287% 是盘条产生杯锥断裂的根本原因。

（2）铸坯碳、硫偏析程度，最高是中心位置（0 点），其次是靠近边缘中部位置 ±2，再其次是靠近中心中部位置 ±1，最低是边缘位置 ±3。

（3）计算铸坯偏析系数，实现了铸坯中心偏析定量计算。

6.11 镀锌冷轧薄板表面孔洞和起皮缺陷分析

6.11.1 概况

镀锌冷轧薄板表面产生孔洞和起皮缺陷如图 6-35 所示。孔洞和起皮缺陷是冷轧薄板中危害最严重的缺陷之一，由于缺陷部位必须切除后钢板才能够使用，大大降低了冷轧钢板的成材率。冷轧薄板有时只出现起皮缺陷，缺陷比较严重时，起皮和孔洞缺陷往往同时发生。

（1）钢种。SPHC。

（2）规格。连铸坯规格为 220mm × 1020mm 板坯；冷轧薄板规格为 0.48mm × 1000mm。

（3）主要生产工艺。铁水预处理→炉外精炼→连铸→加热→粗轧→精轧→控制冷却→卷取→开卷→酸洗、冷连轧。

6.11.2 检验结果

6.11.2.1 金相检验结果

在缺陷附近截取横向断面和纵向断面试样进行金相检验，发现都有夹杂物，其中在纵向断面试样上，夹杂物数量较多，显示的夹杂物较为严重，呈现大量链状夹杂物，如图 6-36 所示。

6.11.2.2 扫描电镜 SEM 检验和能谱分析检验结果

对薄板孔洞和起皮处做扫描电镜 SEM 检验和能谱分析。

（1）孔洞附近谱图 59 含有 O、Al、Si、S、Cl、K、Ca 等元素，如图 6-37 所示。

（2）孔洞附近谱图 62 含有 C、O、Na、Al、Si、S、Cl、K、Ca 等元素，如图 6-38 所示。

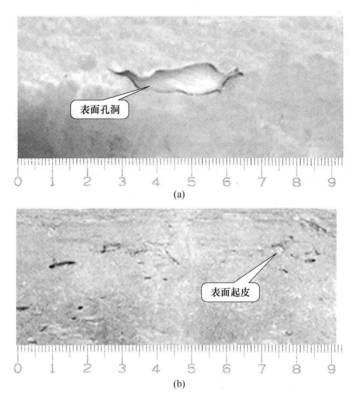

图 6-35　冷轧板表面孔洞和起皮缺陷实物图

（a）孔洞缺陷；（b）起皮缺陷

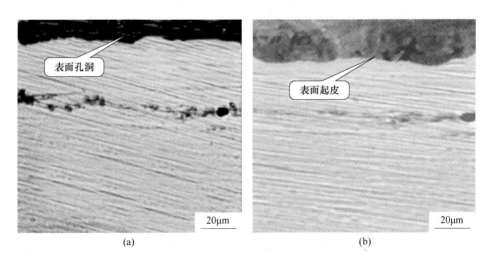

图 6-36　缺陷附近纵向断面试样夹杂物金相照片

（a）孔洞附近夹杂物；（b）起皮附近夹杂物

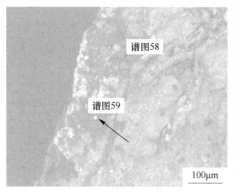

元素	质量分数/%	原子分数/%
O	35.62	53.78
Al	2.25	2.01
Si	7.66	6.59
S	19.58	14.68
Cl	21.55	14.68
K	9.13	5.64
Ca	4.20	2.53

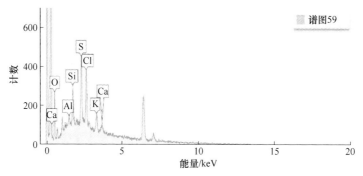

图 6-37 孔洞缺陷扫描电镜 SEM 检验谱图 59

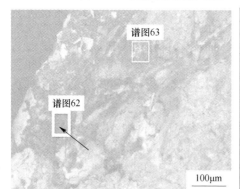

元素	质量分数/%	原子分数/%
C	72.96	80.01
O	21.47	17.68
Na	1.02	0.59
Al	0.15	0.08
Si	0.30	0.14
S	1.05	0.43
Cl	1.71	0.64

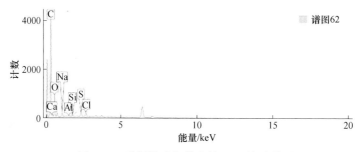

图 6-38 孔洞缺陷扫描电镜 SEM 检验谱图 62

（3）起皮谱图 52 含有 O、Na、Al、Si、K、Ca 等元素，如图 6-39（a）所示。

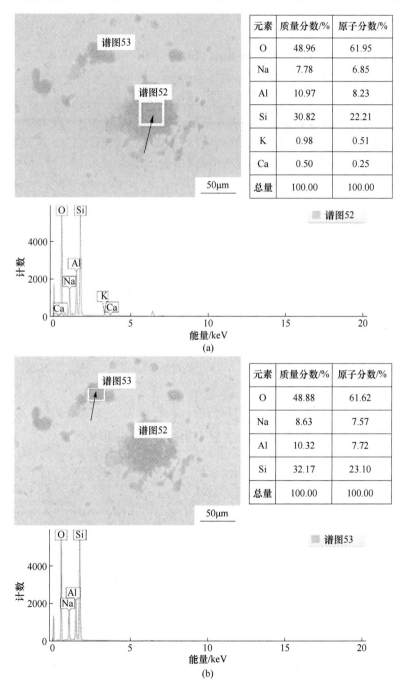

元素	质量分数/%	原子分数/%
O	48.96	61.95
Na	7.78	6.85
Al	10.97	8.23
Si	30.82	22.21
K	0.98	0.51
Ca	0.50	0.25
总量	100.00	100.00

（a）

元素	质量分数/%	原子分数/%
O	48.88	61.62
Na	8.63	7.57
Al	10.32	7.72
Si	32.17	23.10
总量	100.00	100.00

（b）

图 6-39　起皮缺陷扫描电镜 SEM 检验谱图 52 和谱图 53

（a）检验谱图 52；（b）检验谱图 53

(4) 起皮谱图53含有 O、Na、Al、Si 等元素，如图6-39(b) 所示。

6.11.3　分析意见

孔洞缺陷能谱分析结果显示缺陷中含有 O、Al、Si、S、Cl、K、Ca、C、Na等元素形成的夹杂物，如图6-37和图6-38所示。孔洞缺陷按夹杂物的分类可分为以下两类：高 Na、K、Ca、Si、Al 元素的复合夹杂物；Al_2O_3 夹杂物[20]。前者应该是结晶器保护渣卷入导致，后者是脱氧产物，或聚集 Al_2O_3 夹杂物。

起皮缺陷如图6-39所示，缺陷中含有 O、Na、Al、Si、K、Ca 等元素形成的夹杂物，即结晶器保护渣卷渣和外来夹渣造成起皮缺陷。

6.11.4　结论

冷轧薄板表面产生孔洞和起皮缺陷是由于连铸过程中卷渣造成的。

6.12　冲压啤酒瓶盖产生分层的原因分析

6.12.1　概况

(1) 钢种。镀锡板（马口铁）。

(2) 主要生产工艺。转炉冶炼→LF炉外精炼→连铸→热轧→酸洗→冷轧→连续退火→平整（或二次冷轧）→电镀锡。

(3) 产品缺陷。冲压成型的啤酒瓶盖，肉眼观察，在瓶盖边缘，钢板厚度中心有分层现象，如图6-40所示。分析产生分层现象的原因。

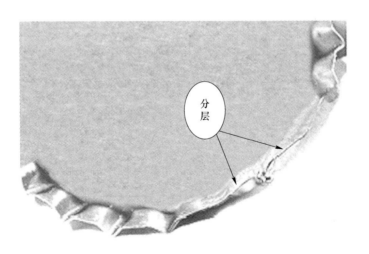

图6-40　啤酒瓶盖分层缺陷实物图

6.12.2 检验结果

6.12.2.1 金相检验

分别取瓶盖分层位置和未分层位置的截面作为检验面。金相检验发现，在分层处延伸部位和分层处附近均有长条状夹杂物分布，如图6-41和图6-42所示。

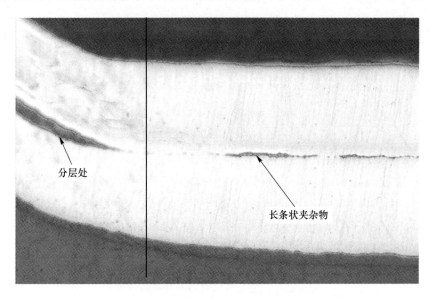

图6-41 分层尾部延伸处长条状夹杂物的金相照片（200×）

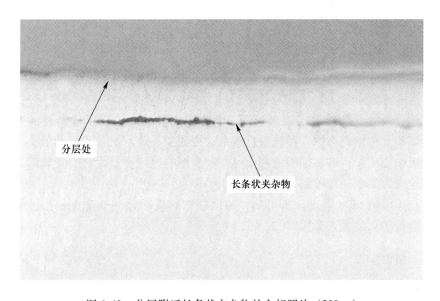

图6-42 分层附近长条状夹杂物的金相照片（200×）

未分层位置断面金相检验没有发现明显长条状夹杂物缺陷。

6.12.2.2　扫描电镜 SEM 检验及夹杂物能谱分析

扫描电镜 SEM 观察结果表明，在分层尾部延伸处和分层附近都有长条状夹杂物，与金相检验结果一样。

扫描电镜 SEM 能谱分析如图 6-43 所示，瓶盖中长条状夹杂物的成分为 O、Al、Si、Ca。

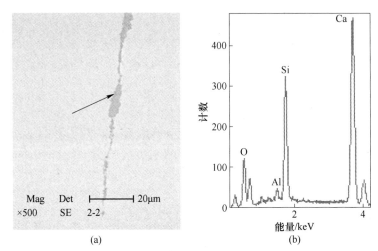

图 6-43　扫描电镜 SEM 夹杂物能谱分析
（a）谱图；（b）能谱曲线

6.12.3　分析意见

如图 6-41 和图 6-42 所示，在分层尾部延伸处以及分层附近存在大量长条状夹杂物。扫描电镜 SEM 能谱分析表明，瓶盖中长条状夹杂物的成分为 O、Al、Si、Ca。检验者分析认为，瓶盖分层是硅酸盐夹杂所致。在连铸坯凝固过程中，低熔点的硅酸盐夹杂落后于钢水凝固，被凝固的柱状晶推到了连铸坯的中心位置。硅酸盐是塑性夹杂物，在轧制过程中被拉成长条状。这种长条状的夹杂物存在于钢板中心位置，破坏了钢板冲压时金属变形的连续性，在有夹杂物的薄弱环节处产生应力集中，导致瓶盖分层的发生。

由扫描电镜 SEM 能谱分析可知，超低碳钢热轧板卷渣缺陷主要由连铸过程中结晶器保护渣的卷入造成[21]。

6.12.4　结论

分层尾部延伸处长条状夹杂物和分层附近长条状夹杂物是啤酒瓶盖发生分层缺陷的原因。

6.13　Q235B 热轧钢板冷弯断裂原因分析

6.13.1　概况

两块 Q235B 的冷弯试样，其中一块冷弯后断裂，另一块冷弯后未断裂，如图 6-44 所示，分析断裂原因。

图 6-44　5mm 热轧钢板冷弯断裂试样和未断裂试样实物图

（1）钢种和规格。Q235B，冷弯试样厚度 5mm。
（2）主要生产工艺。转炉冶炼→LF 精炼→板坯连铸→轧板→精整→包装。

6.13.2　检验结果

6.13.2.1　金相检验

用砂轮将冷弯断裂试样断口磨掉，取金相试样，用砂纸磨光，最后抛光，采用 4% 硝酸酒精腐蚀。对冷弯断裂试样与冷弯未断裂试样进行对比检验。

两块试样的金相组织基本相同，均为铁素体加珠光体组织。但是，冷弯断裂试样沿断裂方向有一条贯穿整个试样的带状组织，而冷弯未断裂试样中珠光体和铁素体均匀分布，没有带状组织，如图 6-45 所示。

6.13.2.2　扫描电镜 SEM 观察和能谱分析

分别取冷弯断裂试样和未断裂试样观察夹杂物分布，并做夹杂物能谱成分分析。结果发现冷弯断裂试样夹杂物分布集中，呈长条形，而未断裂试样夹杂物分布分散，呈短条形。经扫描电镜能谱 EDS 分析，冷弯断裂试样和未断裂试样夹杂物成分相同，都是硅酸盐夹杂物，如图 6-46 所示。

如图 6-47 所示，冷弯扫描电镜断裂试样断口呈分层状，与金相检验带状组织和扫描电镜 SEM 检验条形夹杂物分布相对应。

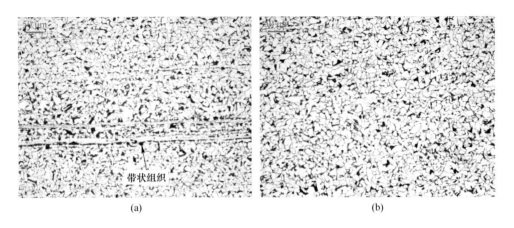

图 6-45 金相组织检验（100 ×）

（a）冷弯断裂试样；（b）冷弯未断裂试样

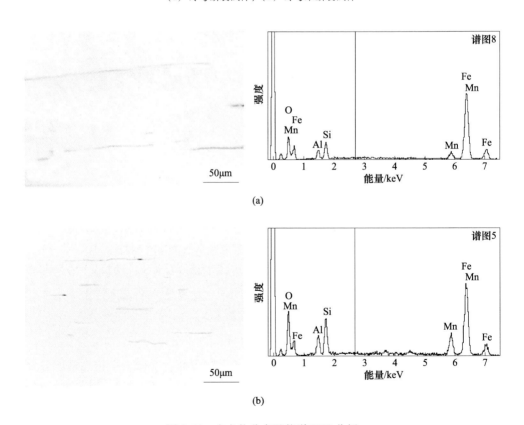

图 6-46 夹杂物分布及能谱 EDS 分析

（a）冷弯断裂样品长条形夹杂物分布及能谱 EDS 分析；

（b）冷弯未断裂样品短条形夹杂物分布及能谱 EDS 分析

图6-47　冷弯扫描电镜断裂试样断口呈分层状

6.13.3　分析意见

金相检验结果显示，冷弯断裂试样沿断裂方向有一条贯穿整个样品的带状组织，而未断裂试样中珠光体和铁素体均匀分布，没有带状组织。扫描电镜和能谱分析发现，冷弯断裂试样中夹杂物分布集中，呈长条形，而未断裂试样中夹杂物分布分散，呈短条形。

钢中夹杂物和带状组织严重是导致带钢冷弯开裂的主要原因[22]。

分析认为，减少连铸坯中的硅酸盐夹杂物或减轻中心偏析，可以减轻带状组织，从而提高冷弯性能。

6.13.4　结论

较长的长条状硅酸盐夹杂物和严重的带状组织是冷弯断裂的原因。

6.14　45圆钢热顶锻开裂的检验和分析

6.14.1　概况

45圆钢热顶锻合格率是反映优质碳素结构钢质量的一个重要指标。钢材经热顶锻后，检验表面是否产生开裂裂纹，如果有裂纹，就不能使用。热顶锻圆钢表面开裂实物如图6-48所示。要求检验和分析表面开裂裂纹的形成原因。

主要生产工艺为：转炉冶炼→LF炉外精炼→R6连铸机（保护浇注、结晶器电磁搅拌）→检验→验收。

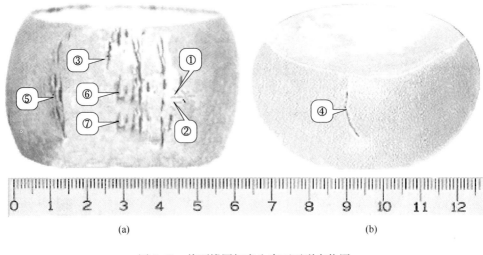

图 6-48   热顶锻圆钢产生表面开裂实物图
(a) 簇形和条形开裂；(b) 单条开裂

6.14.2   检验结果

6.14.2.1   化学成分分析

化学成分分析结果见表 6-5。由表可见，杂质偏析元素 S、P 含量偏高，Als 含量低。

表 6-5   45 钢化学成分分析（质量分数）   （%）

钢种	C	Si	Mn	S	P	Als
45 钢	0.4	0.22	0.61	0.031	0.026	0.002

6.14.2.2   热酸腐蚀低倍检验

在热顶锻试样上做横向断面热酸蚀低倍检验，结果如图 6-49 所示。

①、②为小黑点缺陷。热顶锻试样表面和热顶锻低倍试样上都有呈现点状、簇状气孔缺陷特征。

③、④为单条裂纹缺陷。热顶锻试样表面和热顶锻低倍试样上都有呈现单条气泡缺陷特征。

⑤~⑦为呈簇状多条裂纹缺陷。热顶锻试样表面和热顶锻试样上都有呈现簇状多条气泡缺陷特征。

6.14.2.3   金相检验

热顶锻试样做横向断面热酸蚀低倍检验，垂直裂纹截取金相试样，显微镜观察，裂纹附近没有氧化脱碳现象，为铁素体和珠光体组织，裂纹垂直深度很浅，为 20~50μm，如图 6-50 和图 6-51 所示，是没有暴露的皮下气孔金相组织特征。

6.14.3 分析意见

热顶锻试样做横向断面热酸蚀低倍检验，在低倍检验面上出现的小黑点缺陷、单条裂纹缺陷和簇状多条裂纹缺陷，与热顶锻试样表面缺陷一一对应，表明热顶锻试样表面缺陷来源于热酸蚀检验面表面的缺陷，来源于簇状皮下气泡（或气孔、针孔）缺陷、单条气泡缺陷和簇状多条气泡缺陷。

金相检验发现，在热顶锻试样裂缝附近无氧化和脱碳现象，这表明铸坯在加热炉中加热或试样做热顶锻前，皮下气泡缺陷没有暴露。

在轧制圆钢时，皮下气泡缺陷破坏了金属的连续性，轧制变形时，没有焊

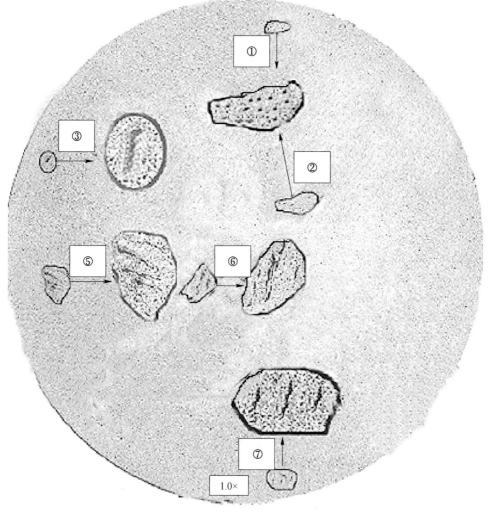

(a)

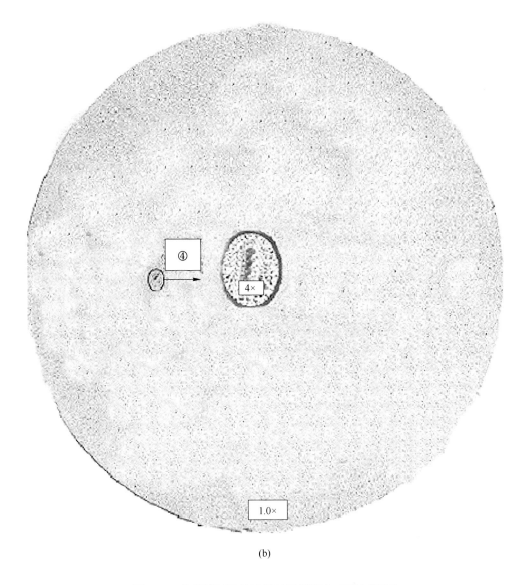

(b)

图 6-49　热顶锻试样热酸腐蚀低倍检验（横向断面）

（a）条形和簇状裂纹横向热酸蚀低倍检验；（b）单条形簇状裂纹横向热酸蚀低倍检验

合。在热顶锻条件下，试样表面受到较大拉应力，产生开裂。据文献报道[23]，当气泡直径与气泡深度之比大于 5 时，气泡边缘在轧制后不易焊合，会出现在表面上形成线状裂纹；反之，由于展宽的作用，气孔边缘能够焊合成一条线。

　　化学元素成分分析结果表明，杂质元素 S、P 含量偏高（分别为 0.031% 和 0.026%），降低钢的变形塑性，增加热顶锻不利因素。Als 含量偏低

图 6-50 垂直热顶锻试样裂缝取金相试样 (一)(50×)

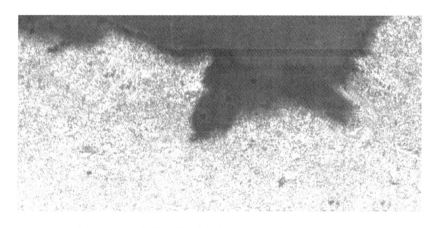

图 6-51 垂直热顶锻试样裂缝取金相试样 (二)(50×)

(0.002%)，应该达到 0.004% ~ 0.006% 以上，以防造成钢水脱氧不良，发生碳、氧反应产生 CO 气泡，部分残留在铸坯中，形成皮下气泡。

6.14.4 结论

皮下气泡（气孔、针孔）是导致热顶锻后表面开裂的主要因素。

6.14.5 改进措施

改进措施如下：

（1）降低钢中 N、H、O 含量，能够较明显地降低皮下气泡发生。

（2）采用"高拉补吹"法，降低钢水氧化性。

（3）严格控制原材料水分。

（4）加强保护浇注，减少空气、水蒸气吸入。

（5）铸坯皮下裂纹、皮下夹杂也能产生热顶锻裂纹，因此可通过提高铸坯质量来改进。

（6）提高钢水铝含量，加大脱氧力度。

6.15 20MnSi 带肋螺纹钢筋沿轧制方向劈裂的原因分析

6.15.1 概况

带肋螺纹钢筋中间坯沿轧制方向产生裂缝（未开裂）实物如图 6-52(a) 所示，带肋螺纹钢筋成品沿轧制方向产生劈裂实物如图 6-53(a) 所示。

（1）钢种。20MnSi。

（2）规格。165mm×165mm 小方坯。

（3）主要生产工艺。转炉冶炼→钢包吹氩、喂丝→连铸 165mm×165mm 小方坯→热装热送→连轧棒材→控制冷却。

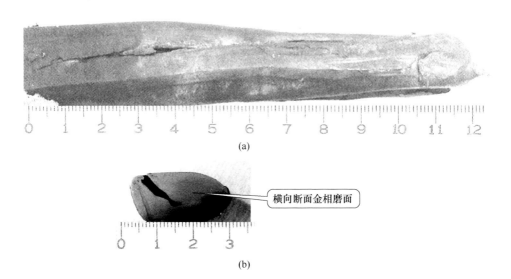

(a)

(b)

图 6-52 中间坯沿轧制方向断裂（未开裂）实物图

（a）纵向实物图；（b）横向实物图（金相试样）

6.15.2 检验结果

6.15.2.1 金相检验

取金相试样，如图 6-52(b) 和图 6-53(b) 所示。

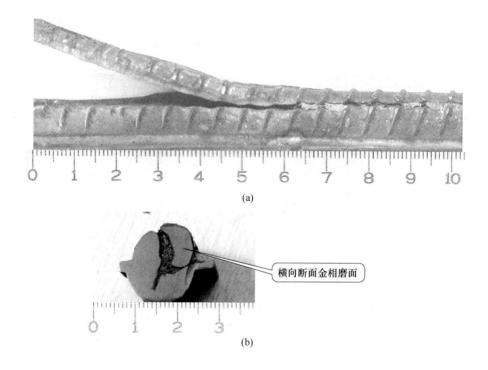

(a)

横向断面金相磨面

(b)

图 6-53 成品沿轧制方向劈裂实物图

（a）纵向实物图；（b）横向实物图（金相试样）

金相检验发现，在带肋螺纹钢筋中间坯及带肋螺纹钢筋成品内部均有大量夹渣，与基体交界处无氧化脱碳现象。如图 6-54 所示，钢筋中间坯裂纹缝隙中没有氧化，其周围组织也未脱碳。这说明轧制中间坯前在加热炉中加热时夹渣未暴露。

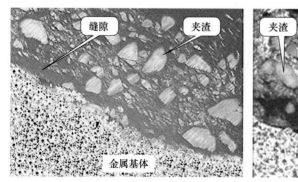
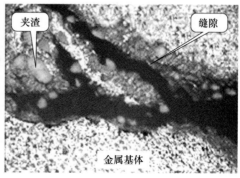

图 6-54 中间坯内部夹渣和裂纹金相检验照片

图 6-55 是轧制钢筋成品时的金相组织，由于中间坯中有夹渣，因此在轧制过程中产生裂纹，轧制温度较高应该产生氧化脱碳反应，但因为轧后冷却降温很快，没有达到充分氧化和脱碳时间，所以即使发生脱碳和氧化也是轻微的。

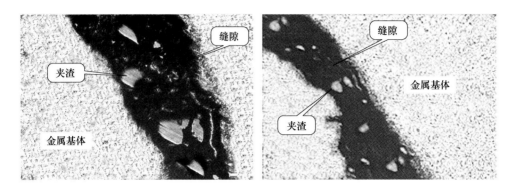

图 6-55　成品内部夹渣和裂纹金相检验照片

6.15.2.2　扫描电镜 SEM 检验和能谱分析

取 2 个中间坯和 2 个成品试样，对夹杂物做扫描电镜 SEM 观察和能谱分析，4 个试样结果类似。扫描电镜 SEM 能谱分析结果（O、Si、Al、Mg、Ca、Mn、Na、K 等元素）如图 6-56 ~ 图 6-59 所示。

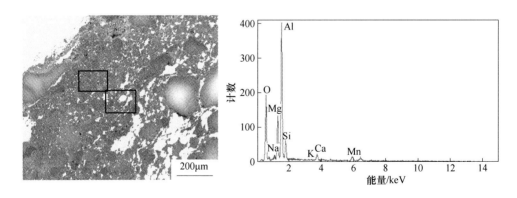

图 6-56　1 号中间坯夹渣缺陷 SEM 图像及能谱曲线

6.15.3　分析意见

金相检验钢筋基体与夹渣交界处，无氧化和脱碳现象，说明夹渣被包裹在连铸坯内部，在加热炉中没有暴露出来。

由能谱分析可知，缺陷处主要成分为 Al、Ca、Mg、Na、K 和 Si，与典型的保护渣成分一致。

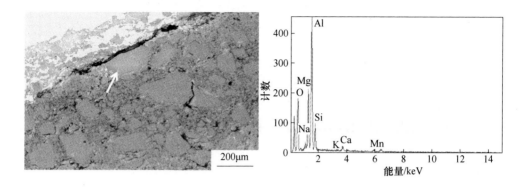

图 6-57 2 号中间坯夹渣缺陷 SEM 图像及能谱曲线

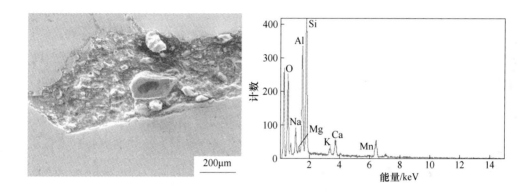

图 6-58 1 号成品夹渣缺陷 SEM 图像及能谱曲线

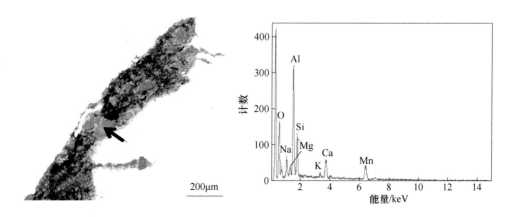

图 6-59 2 号成品夹渣缺陷 SEM 图像及能谱曲线

检验者分析认为，结晶器流场波动，中间包浇注末期流场不稳定，或者在换水口及塞棒时，控流不稳都有可能出现卷渣现象。

6.15.4　结论

带肋螺纹钢筋劈裂是由于外来夹渣卷渣造成的。

6.16　Q235B 钢板表面"铜脆"龟裂缺陷原因分析

6.16.1　概况

连铸坯网状表面裂纹出现在连铸坯氧化铁皮下，肉眼很难发现。采用工业盐酸水溶液腐蚀，去除氧化铁皮，裂纹能够清晰地显示，呈网状外观。

在氧化铁皮下带有网状表面裂纹的连铸坯，直接轧制成 15mm 厚度热轧钢板，在钢板表面产生类似过烧特征的网状、鱼鳞状缺陷，很多横七竖八的裂纹，表面呈现含鳞片状重皮缺陷，呈网状"龟裂"特征，缺陷无规律性，如图 6-60 所示。

（1）钢种。Q235B。

（2）规格。380mm×280mm 矩形坯轧制成 15mm 厚度热轧钢板。

（3）主要生产工艺。转炉冶炼→LF 炉精炼→连铸 380mm×280mm 矩形坯→轧制 15mm 热轧钢板。

（4）检验目的。检验钢板表面"铜脆"龟裂缺陷产生原因。

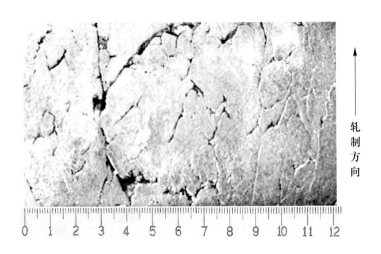

图 6-60　热轧钢板表面龟裂缺陷实物图

6.16.2 检验结果

6.16.2.1 金相检验

沿裂纹浅表面和截面取金相试样，磨光、抛光后通过 4% 硝酸酒精腐蚀，金相检验发现，钢板裂纹中有氧化铁，其周围有明显脱碳现象，在裂纹附近脱碳层区有雾状氧化物，如图 6-61 ~ 图 6-63 所示。

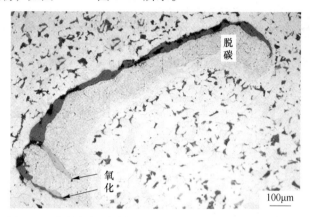

图 6-61　热轧钢板裂纹氧化和附近脱碳（研磨裂纹浅表面）

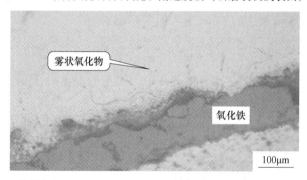

图 6-62　热轧钢板裂纹氧化、附近脱碳和雾状氧化物（研磨裂纹浅表面）

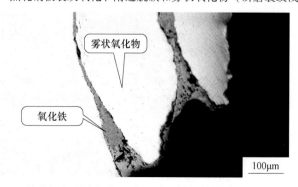

图 6-63　热轧钢板裂纹氧化和附近雾状氧化物（研磨裂纹横截面）

6.16.2.2　扫描电镜 SEM 检验和能谱分析

　　沿裂纹表面进行磨削，保留裂纹痕迹，在扫描电镜 SEM 下观察，发现许多小白点，对小白点做成分分析，结果为 Cu 元素，如图 6-64 所示。

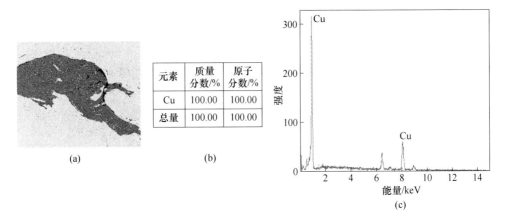

元素	质量 分数/%	原子 分数/%
Cu	100.00	100.00
总量	100.00	100.00

（a）　　　　　　　　（b）　　　　　　　　（c）

图 6-64　裂纹扫描电镜 SEM 观察和能谱曲线

（a）裂纹扫描电镜图；（b）沉淀析出物成分；（c）裂纹中沉淀析出物能谱曲线

　　将钢板表面重皮起开，对基体进行扫描电镜 SEM 观察，分析图中成片的白色相成分，发现含有较多的 Cu 元素，如图 6-65 所示。

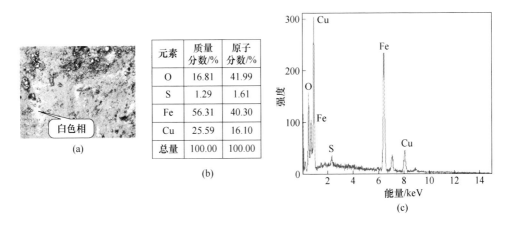

元素	质量 分数/%	原子 分数/%
O	16.81	41.99
S	1.29	1.61
Fe	56.31	40.30
Cu	25.59	16.10
总量	100.00	100.00

（a）　　　　　　　　（b）　　　　　　　　（c）

图 6-65　起开重皮钢基体扫描电镜 SEM 检验和白色相能谱曲线

（a）裂纹扫描电镜图；（b）沉淀析出物成分；（c）裂纹中沉淀析出物能谱曲线

6.16.3　分析意见

　　金相检验发现沿轧制方向分布的表面裂纹缺陷中严重氧化，裂纹周围有严重脱碳和雾状氧化物。这说明钢板表面龟裂缺陷虽然是轧钢时产生的，但是造成钢板龟裂缺陷原因是连铸坯表面裂纹缺陷。如果在轧制钢板时轧制本身产生钢板表面龟裂，裂纹中不能产生严重氧化（即使氧化也是轻微的），裂纹周围也不能产生脱碳和雾状氧化物。只有连铸坯上有裂纹，在加热炉中加热时才会产生裂纹氧化、周围脱碳和产生雾状氧化物，轧制时不能焊合，形成"龟裂"状缺陷，保留在钢板上。

引起"铜脆"的铜来源于钢厂连铸机结晶器的水冷却内壁铜板。铜板内表面局部镀层磨损，暴露的铜与高温铸坯表面接触，部分铜板软化或熔化形成铜的液化膜，沿凝固壳的奥氏体晶界扩散[24]，形成"龟裂"铜脆缺陷。

铜脆裂纹和过烧裂纹的区别在于是否有铜元素沿晶界分布，过烧裂纹的晶界处没有铜元素分布[25]。

由于铜比铁难以氧化，当钢中含铜量大于 0.02%（质量分数）时，将钢加热到 1100 ~ 1200℃，氧化性气体与钢坯发生氧化反应，随着钢坯表面氧化铁皮的不断形成，钢坯表层的铁含量逐渐降低，铜不被氧化，铜含量相对增加，直至超过其在铁中的固溶度，形成"龟裂"铜脆缺陷。

6.16.4 结论

钢板表面"铜脆"龟裂缺陷来源于连铸坯表面网状裂纹缺陷；连铸坯表面网状裂纹是由结晶器铜板表面镀层磨损严重掉铜，渗入铸坯晶界造成的。

6.17 Q235B 热轧钢板伸长率不合格的原因分析

6.17.1 概况

（1）钢种和规格。钢种为 Q235B，1 号和 2 号热轧钢板试样厚度为 30mm，3 号厚度 32mm。做拉伸试验时钢板伸长率不合格，要求分析产生原因。

试样化学成分和标准化学成分见表 6-6，试样力学性能和标准力学性能见表 6-7。

表 6-6　化学成分（质量分数）　　　　　　　　　　　　（％）

化学成分	C	Si	Mn	P	S	TAl	Als
1 号	0.180	0.143	0.570	0.007	0.007	0.027	0.025
2 号	0.170	0.153	0.560	0.013	0.006	0.023	0.021
3 号	0.190	0.165	0.560	0.016	0.007	0.028	0.026
GB/T 700—2006	≤0.20	≤0.35	≤1.40	≤0.045	≤0.045		

表 6-7 力学性能

力学性能	σ_s/MPa	σ_b/MPa	δ/%
1 号	270	403	22
2 号	270	413	24
3 号	263	418	23
GB/T 700—2006	235	375 ~ 500	≥25

（2）主要生产工艺。铁水→转炉冶炼→LF 炉精炼→板坯连铸→加热炉加热→热轧钢板。

6.17.2 检验结果

6.17.2.1 断口检验
试样拉伸断口无缩径，呈脆性断口性质，如图 6-66 所示。

6.17.2.2 低倍检验
对拉伸试样做横向断面枝晶腐蚀低倍检验，如图 6-67 所示。试样中心区黑色短线是铸坯中心偏析经轧制保留在钢板的偏析线痕迹，分布在两条"白亮带"中间。"白亮带"是铸坯经二冷电磁搅拌 S-EMS 遗留下来的"白亮带"痕迹。

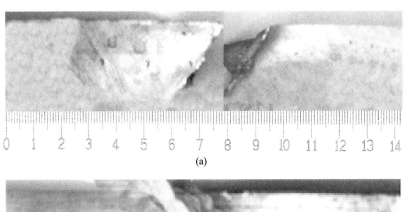

(a)

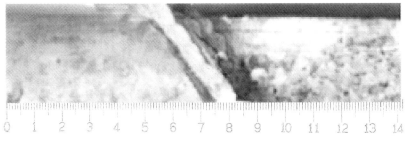

(b)

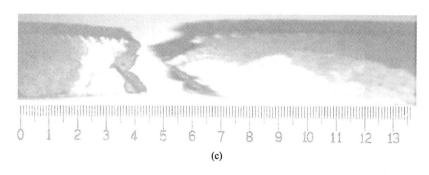

(c)

图 6-66　拉伸试样实物图
（a）1 号试样；（b）2 号试样；（c）3 号试样

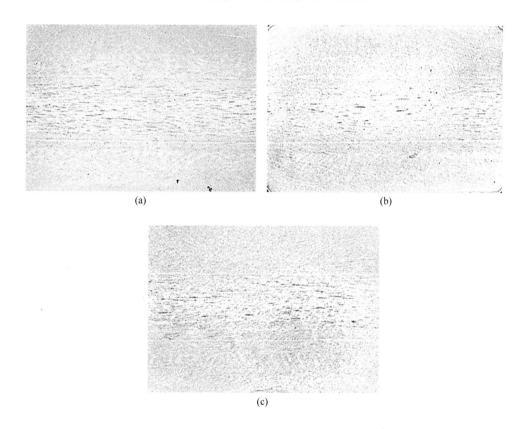

(a)　　　　　　　　　　　　　　　(b)

(c)

图 6-67　枝晶腐蚀低倍检验（横向断面，1.7×）
（a）1 号试样；（b）2 号试样；（c）3 号试样

6.17.2.3　金相检验

（1）夹杂物检验。三块试样在钢板中心都有较多长条形夹杂物，沿轧向分布，如图 6-68 所示，按 GB/T 10561—2005 评级为 A 类，硫化物夹杂为 2.5 级。

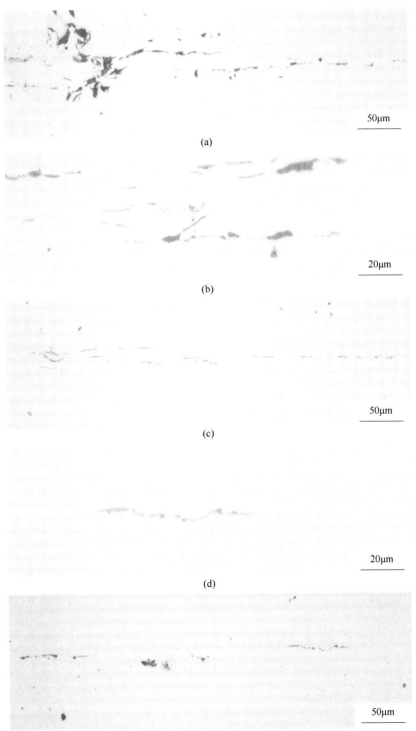

(a)

50μm

(b)

20μm

(c)

50μm

(d)

20μm

(e)

50μm

20μm

(f)

图 6-68   钢板中心长条形夹杂物（纵向断面）
（a）1 号 -1 试样；（b）1 号 -2 试样；（c）2 号 -1 试样；
（d）2 号 -2 试样；（e）3 号 -1 试样；（f）3 号 -2 试样

（2）金相组织检验。三个试样中心都有带状组织，如图 6-69（a）、（c）所示，按 GB/T 13299—1991 评级为 3.5 级。放大到 500 倍观察，在带状铁素体中有长条形夹杂物分布，如图 6-69（b）、（d）、（f）所示。

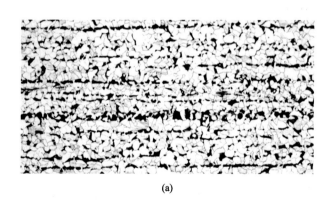

(a)

(b)

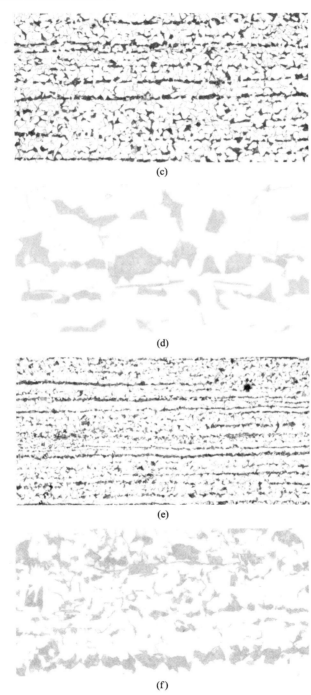

(c)

(d)

(e)

(f)

图 6-69 钢板带状组织和长条形夹杂物分布（纵向断面）

(a) 1 号试样带状组织（100×）；(b) 1 号试样铁素体带中有长条形夹杂物（500×）；

(c) 2 号试样带状组织（100×）；(d) 2 号试样铁素体带中有长条形夹杂物（500×）；

(e) 3 号试样带状组织（100×）；(f) 3 号试样铁素体带中有长条形夹杂物（500×）

6.17.2.4　扫描电镜 SEM 检验和能谱分析

扫描电镜 SEM 检验和能谱分析如图 6-70 所示，钢板中心的长条形夹杂物为硫化锰，另外还含有少量小颗粒状夹杂物，为氧化铝夹杂。

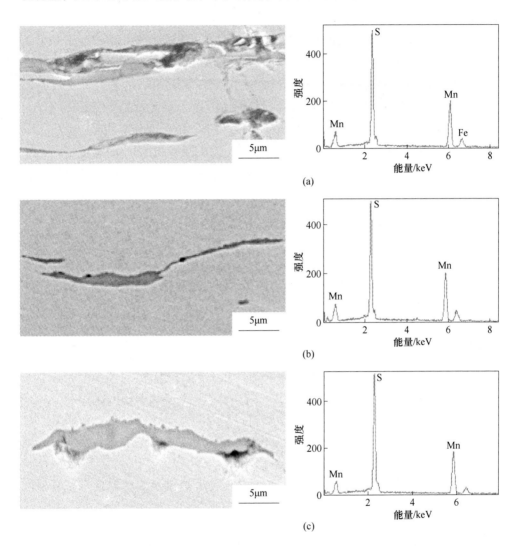

图 6-70　长条形夹杂物能谱曲线

（a）1 号试样夹杂物和能谱曲线；（b）2 号试样夹杂物和能谱曲线；
（c）3 号试样夹杂物和能谱曲线

6.17.3　分析意见

长条形硫化锰夹杂物对于横向试样力学性能危害较大。因为长条形夹杂物的长轴与试样拉伸方向垂直，在夹杂物与基体交界处容易产生应力集中，形成孔洞。随着拉力增大，孔洞长大并合并，形成裂纹产生断裂。先共析铁素体优先沿长条形夹杂物析出，形成铁素体条带，这也是硫化锰夹杂物产生带状组织的一个原因。

钢中硫化物主要来自钢液开始凝固后硫与锰等元素在固态中溶解度下降生成的硫化物，是内生夹杂物[26]，多半分布在柱状晶之间。

带状组织是金相组织中的一种不均匀性现象，其使材料的各向异性效应加剧，导致塑性下降，与横向塑性指标有明显对应关系，导致伸长率降低。

带状组织的产生根源是连铸钢水在凝固过程中，由于选分结晶产生偏析，因此连铸坯中枝晶间区域与晶轴元素含量不同，造成两者间的 A_{r_3} 的温度不同，导致 A_{r_3} 点温度较高的区域优先形成先共析铁素体条带，而 A_{r_3} 温度较低的偏析区后转变，富碳而形成珠光体条带，这就是带状组织的形成过程。因此，降低连铸坯偏析是减轻带状组织的根本途径。

6.17.4　结论

钢板中心偏析区有硫化锰夹杂物和带状组织是造成钢板伸长率不合格的主要原因。

6.17.5　防止措施

主要采取以下措施[26]防止 Q235B 钢板伸长率不合格。

（1）控制钢中［S］含量及降低锰硫比，减少原始带状的偏析程度。

（2）炼钢过程中控制钢中夹杂物数量、形态和分布，以提高厚板质量。如采取保护浇注，防止空气与钢水接触发生二次氧化；减少钢包和中包下渣量，减少结晶器卷渣，防止钢渣造成的二次氧化。

（3）适当调整轧制工艺参数，如控制轧制冷却速度及终轧温度等，减少带状组织，提高厚钢板的合格率。

6.18　厚规格 718H 模具钢探伤不合格原因分析

6.18.1　概况

（1）钢种 718H（0.35% C、0.31% Si、1.39% Mn、0.012% P、0.005% S、1.91% Cr、10.1% Ni、0.32% Mo）。

（2）铸坯规格。厚×宽×长 = 350mm×1950mm×2900mm。

（3）探伤钢板规格。厚×宽×长＝160mm×2000mm×6200mm。

（4）主要生产工艺。铁水预处理→转炉冶炼→LF精炼→RH精炼→连铸→热送热装→轧制→ACC→钢板堆垛缓冷→钢板热处理（回火）→超声波探伤→钢板切割取样→入库。

6.18.2 检验结果

6.18.2.1 铸坯热酸腐蚀低倍检验

在对应不合格钢板的铸坯上取样做热酸腐蚀低倍检验，如图6-71所示，厚度中心有密集黑色斑点状和黑色长条状偏析缺陷，并伴随有锯齿状微裂纹产生，微裂纹开口宽度为0.5mm，裂纹长度为5～8mm。

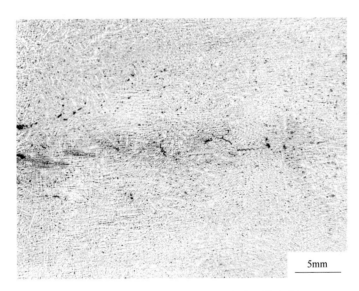

5mm

图6-71 连铸坯中心热酸腐蚀低倍检验（横向断面）

6.18.2.2 铸坯厚度中心取断口试样做扫描电镜观察

对铸坯厚度中心取断口试样做扫描电镜观察，发现在铸坯中心附近有疏松孔洞，呈现自由晶卵形特征。一般情况下，铸坯自由晶只能在铸坯最后凝固的中心位置出现，即在中心疏松位置出现[27]。中心疏松区卵形晶粒扫描电镜形貌如图6-72所示，呈现卵形（圆形或椭圆形）晶粒之间是空隙，是疏松孔洞。可见卵形晶粒是结晶时晶芽自由生长的表面，无钢液填充的特征。图中有一些卵形晶粒表面粗糙，是打断口时卵形晶粒被折断的缘故。

6.18.2.3 钢板金相检验

在探伤不合格钢板1/2厚度位置取金相试样，抛光观察有黑色微孔，如图6-73所示。

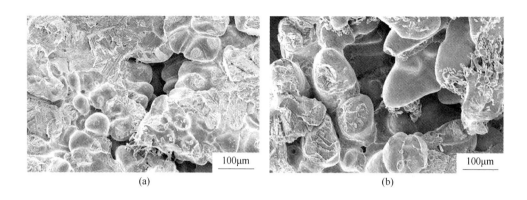

(a)   (b)

图 6-72 718H 钢铸坯疏松卵形晶粒扫描电镜照片
(a) 断口 1；(b) 断口 2

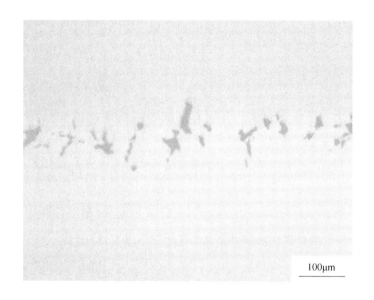

图 6-73 探伤缺陷钢板疏松孔洞（横向抛光态，1×）

在探伤不合钢板 1/2 厚度位置取金相试样，研磨、抛光，然后进行 4% 硝酸酒精腐蚀，如图 6-74 所示，基体为回火贝氏体组织，HV 显微硬度 362，中心白色区域是马氏体，HV 显微硬度 545。中心偏析带白色亮带上的黑色相，与图 6-73 的黑色相一样，是疏松孔洞。

对图 6-74 金相试样做扫描电镜能谱分析，白色区为中心偏析区，碳、锰、铬和钼含量明显高于基体，见表 6-8。

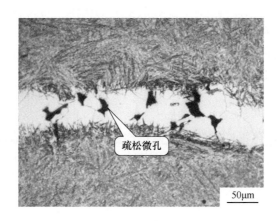

图 6-74　探伤缺陷钢板中心（4% 硝酸酒精腐蚀，1×）

表 6-8　图 6-73 能谱分析结果（原子百分比）　　　　　　（%）

位置	C	Mn	Cr	Mo
白色区	27.09	2.57	4.32	1.04
基体	18.12	1.27	1.61	—

6.18.3　分析意见

从低倍检验、扫描电镜观察和金相检验分析结果可以看出，160mm 厚度 718H 钢板探伤不合格的原因是由于心部存在成分偏析（形成马氏体）、微裂纹和严重疏松造成的。

钢板中心疏松孔洞是道次压下率小，变形渗透率不够，未能焊合。疏松的产生机理[28]是：

（1）"凝固晶桥"理论。铸坯在凝固过程中，由于传热不稳定，柱状晶在铸坯中心相遇形成"搭桥"，晶桥下部钢液在凝固收缩时得不到桥上部钢液补充，形成微小孔洞，即中心疏松。

（2）铸坯凝固过程中，钢液中易偏析溶质元素，如碳、硫、磷等元素析出，富集到铸坯中心，形成疏松。

（3）钢液中气体 N_2、H_2、O_2 含量过高，在钢液冷却和凝固时，随着温度的下降，气体在钢中的溶解度减小，不断析出，当析出的气体不能逸出钢液而残留在钢中时，便形成密集的小气孔，产生疏松缺陷。

如图 6-74 所示，钢板中心白亮区是中心偏析形成的马氏体区。已有的生产实践表明，钢板心部的碳、铬、锰和钼元素质量分数较高，这些元素增强了心部过冷奥氏体的稳定性，使"C"曲线向右移动，导致在某一冷却速度下，奥氏体没有进入珠光体或贝氏体转变区，直接转变为马氏体。马氏体是单相组织，耐侵蚀性能高于珠光体和贝氏体，因此呈现白色相。

钢板中心偏析区形成马氏体后，在热应力和组织应力作用下，很容易产生的偏析裂纹，这也是造成探伤不合格的一个主要原因。

6.18.4   结论

718H 铸坯中存在较严重的中心偏析和疏松，经轧制后遗传至成品钢板上，形成马氏体和疏松，或在热应力和组织应力作用下产生的偏析裂纹，这是探伤不合格的主要原因。其控制措施有：

（1）提高钢水洁净度。降低 C、S、P 易偏析杂质元素含量，减少气体 N_2、H_2、O_2 含量。

（2）低过热度浇注。过热度越低，结晶前形成的成分过冷区越大，越有利于等轴晶的产生和生长，减少成分偏析和疏松。

（3）降低二冷强度。若二次冷却强度降低，铸坯表面温度提高，而中心温度变化很小，铸坯横断面上温度梯度减小，从而抑制柱状晶的生长，使等轴晶比例增大，疏松减少。

（4）低拉速浇注。降低拉速会使铸坯液芯的长度减小，让钢液补缩更易，以减少疏松。浇铸速率变化不定也会加重疏松。

参 考 文 献

[1] 李吉东，许庆太，孙中强，等. SS400B 中厚板边部缺陷的检验和分析 [J]. 连铸，2012（4）：32~35.

[2] 史佳佳，杨海西，张鹏飞，等. SS400-B 中厚板边裂原因分析 [J]. 河北冶金，2012（5）：50~52.

[3] 张惠萍，陈洪琪，卢玲玲，等. 连铸管坯质量对钢管内折缺陷的影响 [J]. 钢管，2006（6）：27~30.

[4] 成海涛. 无缝钢管缺陷与预防 [M]. 成都：四川科学技术出版社，2007.

[5] 吴绍杰，万勇，于彦冲，等. 二冷电磁搅拌对无取向硅钢连铸坯质量的影响 [J]. 炼钢，2012，28（1）：11~14，24.

[6] 梅峰，文光华，唐萍，等. 南钢板坯三角区裂纹的成因及分析 [J]. 钢铁钒钛，2003（1）：61~65.

[7] 王恩刚，张宏丽，邓安元，等. 电磁搅拌对钢坯凝固过程中热工参数的影响 [J]. 东北大学学报，2004（3）：239~242.

[8] 张宏丽，贾光霖，王恩刚，等. 电磁搅拌改善铸坯内部质量的实验研究 [J]. 东北大学学报，2001（3）：315~318.

[9] 杨晓江，郝华强. 薄板连铸粘结的分析与预防 [J]. 钢铁研究，2004（3）：4~9.

[10] 张宝，王华，徐党委，等. 板坯连铸粘结漏钢的特点与分析 [J]. 宽厚板，2007（1）：

24 ~ 26.

[11] 杨飞, 江学德, 梁日成. 板坯连铸机拉速波动对黏结漏钢的影响 [J]. 柳钢科技, 2013
　　 (4)：4.

[12] 程子建. 板坯连铸机漏钢成因分析及预防措施 [J]. 酒钢科技, 2007 (2)：6.

[13] 梁磊. 板坯连铸机粘结漏钢原因分析 [J]. 炼钢, 2008 (5)：9 ~ 12, 48.

[14] 牛新辉, 朱延强, 安军生. 小方坯粘结漏钢原因分析及预防措施 [J]. 连铸, 2003
　　 (6)：9 ~ 11.

[15] 卢盛意. 连铸坯质量 [M]. 北京：冶金工业出版社, 2000.

[16] 孟娜, 朱立光, 朱新华. 连铸坯中心缩孔研究与控制 [J]. 河北联合大学学报 (自然科
　　 学版), 2014 (3)：41 ~ 46.

[17] 李建华, 刘静, 陈晓. 高碳钢盘条热轧及冷拔过程中的组织缺陷 [J]. 物理测试, 2008
　　 (2)：20 ~ 22.

[18] 吴春雷, 王一诺, 杨撷光, 等. 82B 钢丝笔尖状断口缺陷的成因分析与对策研究 [J].
　　 连铸, 2018, 43 (4)：51 ~ 55.

[19] 李京社, 汪庆国, 唐海燕, 等. 82B 铸坯碳硫偏析和低倍缺陷控制的试验研究 [J]. 连
　　 铸, 2011 (S1)：338 ~ 342.

[20] 王健, 吴汉科, 房锦超. 冷轧板孔洞缺陷成因分析 [J]. 冶金丛刊, 2014 (5)：
　　 18 ~ 21.

[21] 单庆林, 贾刘兵, 彭国仲, 等. 超低碳钢热轧板卷渣缺陷研究 [J]. 连铸, 2016, 41
　　 (4)：54 ~ 58.

[22] 赵宗强. Q235A 热轧带钢冷弯开裂原因分析 [J]. 中国冶金, 2005 (11)：37 ~ 39.

[23] 孔祥涛, 包燕平, 孙彦辉, 等. 影响中、小型转炉 45 圆钢热顶锻合格率的冶金因素分析
　　 [C] //中国金属学会. 2005 中国钢铁年会论文集 (第 3 卷). 中国金属学会：中国金属
　　 学会, 2005：5.

[24] 赵骏, 陈义, 陈容, 等. 气瓶铜脆缺陷分析 [J]. 热加工工艺, 2014, 43 (4)：220 ~ 222.

[25] 李娜. 铜在钢中的作用综述 [J]. 辽宁科技大学学报, 2011, 34 (2)：157 ~ 162.

[26] 高宽心, 包燕平. Q235B 厚钢板断后伸长率不合格的原因分析 [J]. 理化检验 (物理分
　　 册), 2007 (5)：224 ~ 225, 231.

[27] 苏春霞, 陈本文, 孙殿东, 等. 25SiMn2 钢铸坯断裂原因分析及解决措施 [C] //中国
　　 金属学会. 第九届中国钢铁年会论文集. 中国金属学会：中国金属学会, 2013：5.

[28] 郭立波, 高延庆, 马玉民. 718H 钢与 40Cr13 钢中心疏松的原因分析及改进措施 [J].
　　 理化检验 (物理分册), 2017, 53 (1)：62 ~ 66.